菌主笔记

林彦徐　胡金龙　刘君　编著

① 工艺演化篇

MicroJun

中国环境出版集团·北京

图书在版编目（CIP）数据

菌主笔记. 1，工艺演化篇 / 林彦徐，胡金龙，刘君
编著. -- 北京：中国环境出版集团，2024.5
ISBN 978-7-5111-5867-3

Ⅰ. ①菌… Ⅱ. ①林… ②胡… ③刘… Ⅲ. ①污水处
理－普及读物 Ⅳ. ①X703-49

中国国家版本馆CIP数据核字(2024)第101881号

出 版 人　武德凯
责任编辑　梅　霞
装帧设计　宋　瑞

出版发行　中国环境出版集团
　　　　　（100062　北京市东城区广渠门内大街 16 号）
　　　　　网　　　址：http://www.cesp.com.cn
　　　　　电子邮箱：bjgl@cesp.com.cn
　　　　　联系电话：010-67112765（编辑管理部）
　　　　　　　　　　010-67147349（第四分社）
　　　　　发行热线：010-67125803，010-67113405（传真）
印　　刷　玖龙（天津）印刷有限公司
经　　销　各地新华书店
版　　次　2024 年 5 月第 1 版
印　　次　2024 年 5 月第 1 次印刷
开　　本　889×1194　1/16
印　　张　16.25
字　　数　380 千字
定　　价　199.00 元（全 6 册）

中国环境出版集团郑重承诺：
中国环境出版集团合作的印刷单位、材料单位均具有中国环境标志产品认证。

序 言

随着我国环境保护行业从增量市场向存量运营市场的转变，生化系统的稳定运行和控制成为环境保护行业的一大痛点，当前我国环境污染治理依然任重道远。

为实现发展生产力这一目标，我们必须加快人才培养速度。"小菌主"创作团队就是因这一初心而创建的。8年来我们一直致力于利用微生物进行污水处理，在日复一日的工作实践中，我们积累了许多实战经验，也对污水处理行业的现状产生了一些思考。随着自媒体兴起，我们就想或许可以借助自媒体平台做一些有价值的输出，一来可以与同行交流经验；二来可以帮助一些新入行或者将要入行的朋友更快地了解微生物污水处理。

污水处理看似简单，实则涵盖了多学科知识，不仅涉及多样化的设备使用、复杂的药剂使用、严格的工艺流程等，还涉及微生物学、化学、药剂学、工程学等诸多学科，值得科普的内容实在太多了。随着我们制作的视频数量越来越多，后台粉丝朋友留言催更的声音也越来越大。再后来，越来越多的粉丝朋友在后台留言，希望我们把视频内容整理成书，以便大家在工作实践中参考，《菌主笔记》便由此而来。为了让叙述生动形象，我们还设计了一整套"小菌宝"形象，它们在书中分别代表各类微生物、污染物质和"小菌主"（作者）。

《菌主笔记》目前一共有 6 册，分别是工艺演化篇、碳转化路径篇、厌氧生物处理篇、硝化与反硝化作用篇（上）、硝化与反硝化作用篇（下）和微生物镜检篇。本册是工艺演化篇，主要介绍随着污水处理行业的发展，污水处理工艺经历的从无到有、从简单到复杂的过程。

　　最后，感谢《菌主笔记》的所有创作人员（主要编写人员：林彦徐、胡金龙、刘君；其他编写人员：王宁波、叶振琴、金宇晨、汤燕红、徐颖）。同时，由于作者水平有限，书中难免存在不当之处，恳请大家批评指正，我们一定听取建议，完善修正。

小菌主环境科技（武汉）有限公司《菌主笔记》创作团队

2024 年 3 月 31 日

CONTENTS

目　录

一、水质评价指标
Water quality evaluation index

1. 生命是一场氧化还原反应的盛宴

所有的生物都需要从外界环境中获取氧化剂和还原剂来完成滋养生命所需的能量代谢。

对异养生物来说，有机物扮演的是还原剂的角色，但是异养生物要从有机物中获取能量，还需要外界环境提供的氧化剂。而对于自养生物来说，它们也需要从氧化还原反应中获取能量，把无机碳源合成有机物，再进一步合成细胞物质。

微生物可以利用的氧化剂种类相对较少，如氧气（O_2）、硝酸盐、亚硝酸盐、硫酸盐等。不论是何种氧化代谢途径，它们的共同点都是电子从供体到受体的转移，这个过程会释放能量并储存在三磷酸腺苷（ATP）的化学键中。

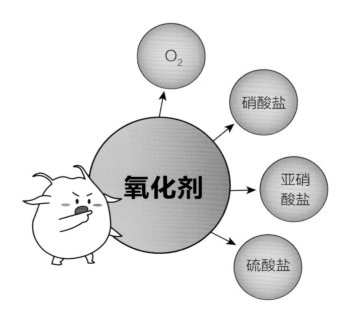

2. 为什么我们用生化需氧量（BOD）作为水质指标

由于水中有机物的种类过多，无法一一测定，而氧化剂的种类相对有限，在常规好氧阶段更是只有 O_2，因此，可以用氧化剂的消耗量来间接反映水中有机污染物的多少，这个指标就是 BOD。

BOD 是指水温为 20℃时，在有氧条件下，好氧微生物氧化分解单位体积水中有机物所消耗的游离氧数量，单位为 mg/L。

污水中的有机物越多，消耗的氧气就越多，BOD 也就越高。

后来，为了便于检测又提出了 5 日生化需氧量（BOD_5）的概念。BOD_5 的数值取决于系统中微生物自身的氧化能力。假如一个生化系统中缺乏降解特定有机物的微生物，或者说存在难降解甚至不能被一般微生物降解的有机物，此时用 BOD_5 评价水体受污染情况就会出现误差。

3. 化学需氧量（COD）指标的出现

随着污水处理行业的发展，水质排放标准越发严格，检测方法也需要更有效率，于是人们直接用强氧化剂对有机物进行氧化，然后再折算成 O_2 的消耗量，这个结果被称为化学需氧量，也就是 COD。

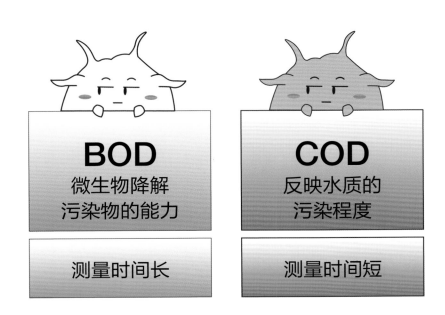

由于强氧化剂的无差别氧化作用，COD 不仅反映水中有机物的含量，更反映了水中具有还原性质的无机物的含量，因此，严格来说，COD 表示的是水体受还原性物质污染的程度。

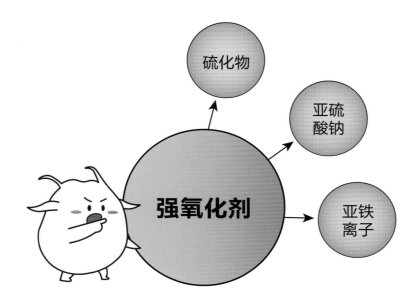

在习惯上，我们会把 COD 和 BOD 同时使用，值得注意的是，废水的可生化性在厌氧单元经过水解酸化反应后会有所提高，所以，一些 B/C（BOD/COD）比较低的废水在经过水解酸化后再处理，仍可以取得不错的效果。

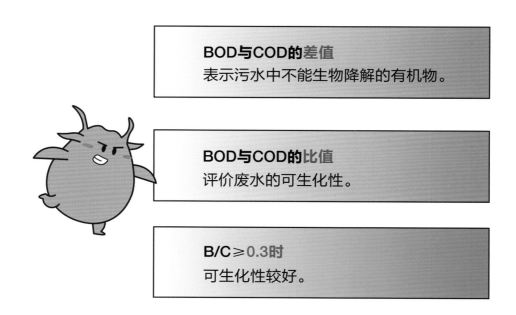

BOD与COD的差值
表示污水中不能生物降解的有机物。

BOD与COD的比值
评价废水的可生化性。

B/C≥0.3时
可生化性较好。

4. 总需氧量（TOD）

有些有机物在 COD 测量过程中不能被氧化，但是它本身进入到环境中后会被生物富集，因此就引出了 TOD 这一指标。

TOD 是指水中的还原性物质在 900℃下，被瞬间燃烧氧化，变成稳定氧化物时所需要的氧量。

5. 总有机碳（TOC）

TOC 与 TOD 都是利用燃烧法来测定水中有机物的含量，不同之处在于，TOC 测定的是燃烧产物 CO_2 的量，因此反映的只是含碳有机物的量，而 TOD 是以还原性物质消耗的氧量表示。

在现实中，根据 TOD 和 TOC 的比例关系，可以大致确定水中有机物的种类，因为一个碳原子燃烧时消耗两个氧原子，对于只含碳的化合物而言，$O_2/C = 2.67$，所以从理论上讲，此时 TOD $= 2.67$TOC。

若TOD/TOC＞4.0，则水样中可能有较多的N、P或S的有机物。

若TOD/TOC＜2.6，则水样中硝酸盐和亚硝酸盐的含量可能较大。

6. 总氮（TN）

　　污水中的氮元素以两种形态存在：无机氮和有机氮。无机氮包括氨氮、亚硝酸盐氮和硝酸盐氮。有机氮包括蛋白质、氨基酸、尿素等含氮有机物。

　　无机氮中的氨氮是指水中以游离氨（NH_3）和铵离子（NH_4^+）形式存在的氮，主要来源于化肥、农药的使用和工业废水的排放。无机氮是污水中的主要耗氧物质之一，会在硝化细菌作用下被氧化为亚硝酸盐和硝酸盐。

无机氮

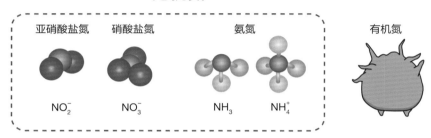

　　有机氮也会在污水处理过程中通过微生物的氨化作用转化为氨氮。氨氮与有机氮的总和称为凯氏氮（TKN）。有机氮、氨氮、亚硝酸盐氮、硝酸盐氮的总和称为 TN。

总氮

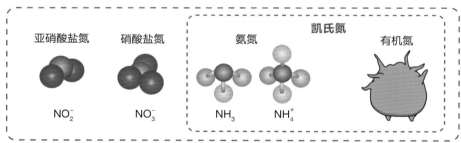

7. 总磷（TP）

　　TP 是反映污水中磷含量的指标。污水中的含磷化合物主要分为有机磷与无机磷两类。

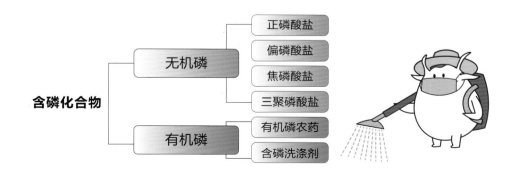

二、污泥评价指标
Sludge evaluation index

1. 衡量活性污泥性能的指标

①污泥浓度（MLSS），是指曝气池出口处单位体积混合液中悬浮污泥的总重量，单位为 mg/L，由四个部分组成。

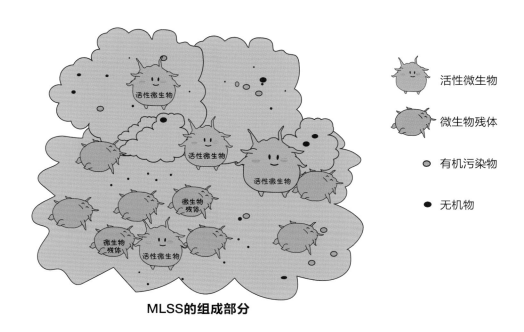

MLSS的组成部分

②挥发性悬浮物固体浓度（MLVSS），其组成部分比 MLSS 少了一类无机物。

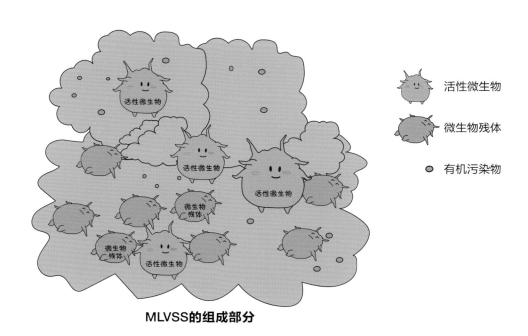

MLVSS的组成部分

③污泥沉降比（SV₃₀），是指曝气池出水口的混合液在 1L 量筒中静置沉淀 30min 后，沉淀下来的污泥与静置前混合液的体积比。

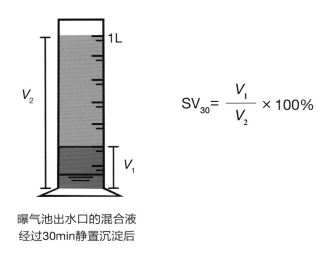

$$SV_{30} = \frac{V_1}{V_2} \times 100\%$$

曝气池出水口的混合液
经过30min静置沉淀后

④污泥容积指数（SVI），是指经过 30min 静置后每克干污泥所占的容积，单位是 mL/g。

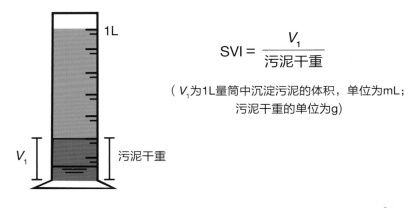

$$SVI = \frac{V_1}{污泥干重}$$

（V_1为1L量筒中沉淀污泥的体积，单位为mL；
污泥干重的单位为g）

以某污水处理厂的现场数据为例：MLSS为4000mg/L（4kg/m³），
1L泥水混合液中的污泥干重为4g，污泥所占容积为400mL，则根据公式计算，

$$SVI = \frac{400mL}{4g} = 100mL/g$$

当SVI值过低（＜50）	当SVI值过高（＞200）
无机质含量高，可能是污泥龄过长，污泥老化，或者进水中的无机悬浮物过多，降低了污泥中有效微生物的数量和活性。	污泥絮体结构松散、沉降性能不好、即将膨胀或已经膨胀。可能是由高负荷冲击引起的，或者发生了丝状菌膨胀。

⑤水力停留时间（HRT），是指污水进入反应器后的平均停留时间，也是污水与生物反应器内微生物之间的平均反应时间，单位是 h。

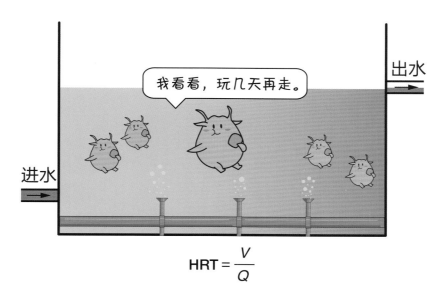

$$HRT = \frac{V}{Q}$$

HRT：水力停留时间，h；　V：池容，m^3；　Q：进水量，m^3/h

若系统有效容积为$4000m^3$，进水流量为$500m^3/h$，则$HRT = \dfrac{4000m^3}{500m^3/h} = 8h$

⑥容积负荷（N_v），是指曝气池单位容积在单位时间内接受的有机污染物量，常用单位是 kg/（$m^3·d$）或 g/（L·d）。

$$N_v = \frac{Q \times L}{V}$$

即容积负荷＝污水流量×进水有机物浓度÷反应器容积

若系统进水COD为0.3g/L，则$N_v = \dfrac{500m^3/h \times 24h \times 0.3g/L}{4000m^3} = 0.9g/（L·d）$

⑦污泥负荷（N_s），是指曝气池内单位重量活性污泥，在单位时间内"承受"的有机污染物量，单位是 mgCOD/（mgMLSS·d）。

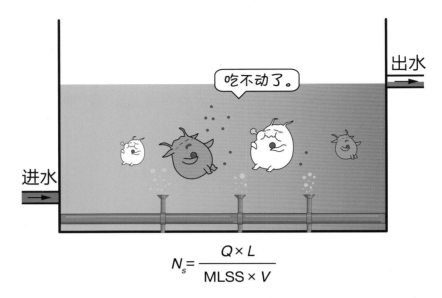

$$N_s = \frac{Q \times L}{MLSS \times V}$$

即污泥负荷=污水流量×进水有机物浓度÷（MLSS浓度×反应器容积）

$$N_s = \frac{500m^3/h \times 24h \times 300mg/L}{4000mg/L \times 4000m^3} = 0.225mgCOD/（mgMLSS·d）$$

⑧污泥龄（SRT），是指曝气池内活性污泥总量与每日排放污泥量之比，它反映了菌胶团在曝气池内的平均停留时间，单位是 d。

SRT=MLSS×曝气池体积÷每日排出的剩余污泥量

若每天需要排出的剩余污泥量为800kg，则SRT=4kg/m³×4000m³÷800kg/d=20d

2. 活性污泥法中最基本的功能单元——菌胶团

随着工业的发展，污染物类型越来越多，难降解污染物的种类也在增加，对于单一菌种来说，它们所能适应的环境、可以利用的底物都是极为有限的。

既然单一菌种无法充分利用某种复杂有机物，那多菌种的酶加起来，是不是就有可能实现某种有毒或难降解物质的降解？

这种现象在厌氧反应器中十分常见，而且已经研究得比较透彻了。例如，厌氧反应器中产氢产乙酸菌与产甲烷菌之间的合作共生。其实，在好氧条件下，这种微生物之间的协同作用很多，其中研究比较多的有难降解有机物的共代谢机理等。

这种多菌种的联合应用形成了生化处理的基础核心单元：不是某种单一的微生物，而是由多种微生物组成的群落结构。这个群落的基础核心单元在活性污泥法中是菌胶团，在生物膜法中是生物膜，而在厌氧或好氧颗粒污泥中，这个基础核心单元的载体就是颗粒污泥。

至此，我们再回过头来看这些基本的污泥指标就会比较容易。

曝气池中最基本的单元是菌胶团，所以我们考虑问题时，也要从这个角度出发。MLSS、MLVSS、SV$_{30}$、污泥龄这几个概念都和菌胶团本身的性质有关。

主要污泥评价指标

指标	说明
污泥浓度（MLSS）	1L 混合液中菌胶团的总重量。
污泥沉降比（SV$_{30}$）	能反映很多系统参数，如污泥的絮凝能力、沉降性能、污泥量等。
水力停留时间（HRT）	菌胶团和污染物接触后的反应时间。
容积负荷（N_v）	侧重于评价单位体积生物反应器的处理能力。
污泥负荷（N_s）	用于控制菌胶团"食物"供应速度与微生物降解速率之间的平衡。
污泥龄（SRT）	使污泥浓度保持恒定，刚好能够抵消菌胶团增长速率的排泥周期。

3. 活性污泥的沉降过程

自由沉降

倒入量筒中的混合液，在静置后迅速发生絮凝，然后在重力作用下各自下沉的现象。絮凝性好的活性污泥可以在很短的时间（30s）内完成自由沉降。

集团沉降

完成自由沉降后，污泥会进入集团沉降阶段。活性污泥之间继续发生絮凝沉降，同时在量筒的上部出现一个明显的澄清层。在此期间，量筒下方的絮体逐渐拥挤，开始同步沉降，活性污泥的颜色会逐渐加深，絮体越来越大。

压缩沉降

在最后的压缩沉降阶段，活性污泥絮体的总体积进一步压缩，这一过程最为漫长。其中沉降性能好的污泥会如毛毡般卷曲进而显得粗密，色泽呈深棕褐色，带有鲜活感，而沉降性能不好的污泥会呈现细密的状态。

4. 菌胶团的一生

排剩余污泥时要排的其实是菌胶团。在系统负荷稳定，水质成分变化不大时，单位时间内能够供给的食物数量和速率是固定的，即污泥负荷不发生变化，那么它能养活的菌胶团数量也是一定的，即污泥浓度不变。

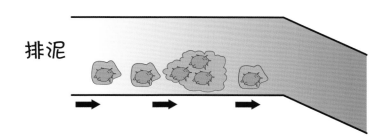

如果食物供给不足，就会使菌胶团的一部分微生物因得不到足够的食物而死亡，而这部分微生物可能与脱氮相关，或者与 COD 的去除相关，又或者它们分泌的胞外聚合物对菌胶团物理结构的稳定性很重要。

菌胶团的动态生长过程注定它会有一个衰老期，这与时间长了生物膜会发生脱落的现象类似。

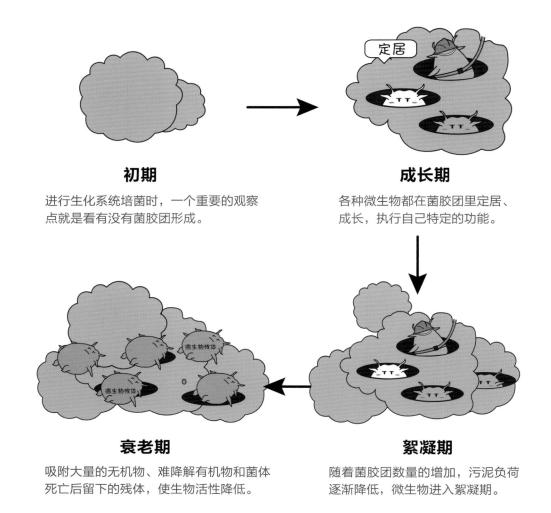

初期

进行生化系统培菌时，一个重要的观察点就是看有没有菌胶团形成。

成长期

各种微生物都在菌胶团里定居、成长，执行自己特定的功能。

衰老期

吸附大量的无机物、难降解有机物和菌体死亡后留下的残体，使生物活性降低。

絮凝期

随着菌胶团数量的增加，污泥负荷逐渐降低，微生物进入絮凝期。

　　排剩余污泥实际上属于一种宏观调控，因为每个降解周期内都会有新的菌胶团长成，所以在系统末端排出部分已经成熟的菌胶团。那么在总的污泥浓度不变的情况下，只要排泥的数量和新增的微生物数量保持平衡，就可以理解为菌胶团的数量不发生变化。

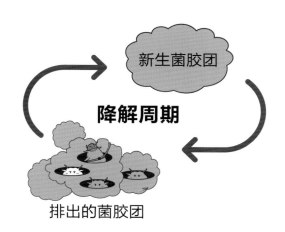

降解周期

新生菌胶团

排出的菌胶团

三、生物法工艺演化史之活性污泥法

Activated sludge process in the history of biological process evolution

1. 英国污水处理皇家委员会成立

污水处理行业的兴起是伴随工业革命后人口向城市的大规模流动而出现的。

从 1750 年到工业革命大致结束（1841 年），英国人口增加了 1.55 倍，这也使得排污量剧增，大量污染物被排入流经伦敦市区的泰晤士河。不但使河水变得恶臭，而且使病原菌大量繁殖。

1898 年，英国污水处理皇家委员会成立，正是这个机构在 1912 年颁布了著名的污水处理排放标准。

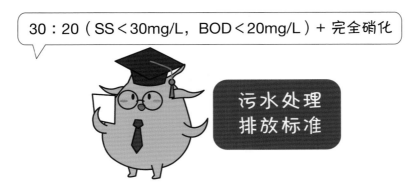

30：20（SS＜30mg/L，BOD＜20mg/L）＋ 完全硝化

污水处理排放标准

2. 百年工艺——活性污泥法的诞生和发展

厌氧法和生物滤池法其实是先于活性污泥法出现的，但是受制于当时的技术和工艺水平，无法满足水质处理要求。

直到 1914 年 4 月 3 日，英国曼彻斯特的两位科学家爱德华·阿登和威廉·洛克特，在英国皇家化学年会上宣读了论文《无需滤池的污水氧化试验》，自此活性污泥法正式诞生。

不愧是我！

爱德华·阿登和威廉·洛克特最早做的中试试验是在一架经过改造的马车上，而且使用的是间歇式活性污泥法（SBR 工艺）。

用来做中试试验的改装马车

图片来源：王洪臣 . 百年活性污泥法的继承与发展 [Z]. 2014.

由于技术落后、设备简陋和操作烦琐等原因，爱德华·阿登和威廉·洛克特后来又单独设计了沉淀单元与回流装置，最终形成了我们今天应用最为广泛的活性污泥法。

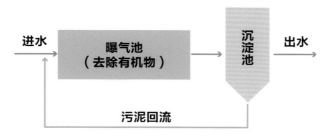

它能完成最简单的 COD 去除和氨氮的完全硝化，但只涉及微生物的碳代谢途径和氨氮的硝化途径。

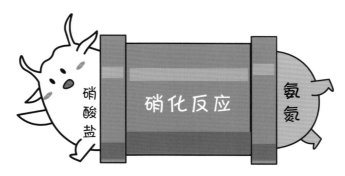

3. 脱氮除磷——活性污泥法的进阶

即使通过硝化反应把氨氮转化为硝酸盐，氮元素仍然没有从水体中消失，它只是转变了形态，而接过这最后一棒的就是反硝化菌。

反硝化菌能在好氧时利用水中的 O_2 氧化有机物，也能在没有 O_2 的厌氧条件下，利用硝酸盐和亚硝酸盐代替 O_2 来氧化有机物，最终使硝酸盐被还原为氮气。

利用这一原理并经过几年的工艺演化，最终进阶出了我们今天见到的经典方法：缺氧好氧（A/O）工艺。

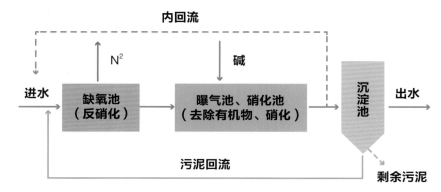

在 20 世纪 70 年代，人们把在 50 年代发现的聚磷菌代谢时"厌氧释磷，好氧吸磷"的功能整合进了 A/O 工艺中，由此演变成了 A^2O 工艺。

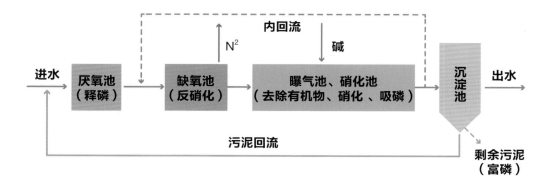

4. 小结

对污水进行生物处理时，碳源是每种异养微生物都需要的，反硝化菌完成脱氮功能需要碳源，而对聚磷菌来说，它们要完成自己的除磷功能也需要碳源。不同组合工艺的设计原理其实都是在分配"碳源"。

随着技术的发展，工艺不断演化，同一个系统中需要容纳的代谢类型越多、碳氮磷元素转化的链条越长，为了维持这个系统的持续运转需要的能源和物质消耗也就越多。

为了降低系统的复杂程度和能源消耗成本，近年来，随着对微生物代谢途径的认识越来越清楚，更多成本更低的新工艺被研发、推广。如短程硝化反硝化工艺、同步硝化反硝化工艺、厌氧氨氧化工艺、反硝化除磷工艺、硫自养反硝化工艺等。

四、生物法工艺演化史之生物膜法
Biological process evolution of biofilm method

1. 生物膜法的发展历程

（1）生物膜法的定义

在生物膜法中人工为微生物提供了附着的载体。在进行污水处理时功能性微生物像薄膜一样覆盖在载体上，故称为生物膜法。

功能性微生物

载体

（2）生物膜法与活性污泥法的联系

生物膜是细菌在自然环境中很常见的一种存在方式，和絮状污泥一样，都是由不同细菌组成的微生物群落。菌胶团也可以理解为一种特殊的生物膜。

（3）填料与滤料的概念

为微生物提供附着点的材料就是填料。在生物滤池工艺中，当填料被一层层平铺在生物反应器中，彼此间距很小，具有过滤功能时，即被称为滤料。

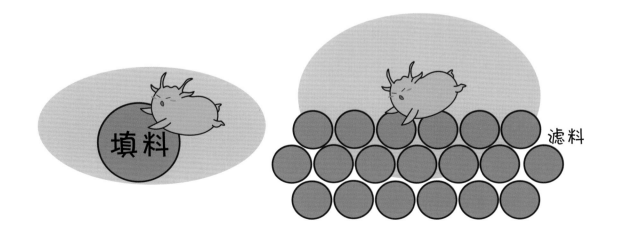

填料

滤料

目前应用很普遍的生物滤池技术其实是先于活性污泥法出现的。它利用的是土壤的"自我净化"原理。当时的人们发现，当一定量的污水渗入土壤并经过一段时间后，污染物的浓度会降低。

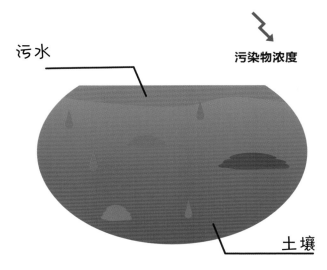

后来随着各种新型合成填料的出现，许多现在耳熟能详的工艺逐渐问世。

生物膜法的演变其实就是一个填料性能不断优化的过程。从一开始的砂石等天然材料发展到目前的人工合成材料，生物膜法水处理技术在越来越多地表现出它的优越性。

2. 生物膜的生命周期

生物膜的形成、脱落与更新，可分为五个阶段，是一个完整的生命周期。

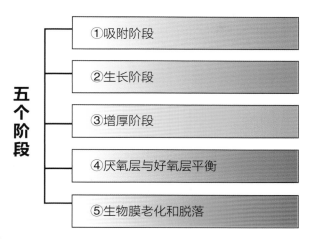

五个阶段
- ①吸附阶段
- ②生长阶段
- ③增厚阶段
- ④厌氧层与好氧层平衡
- ⑤生物膜老化和脱落

（1）吸附和生长

在生物膜开始形成时，含有营养物质和悬浮微生物的污水流经载体表面，使得微生物有机会与载体发生接触。

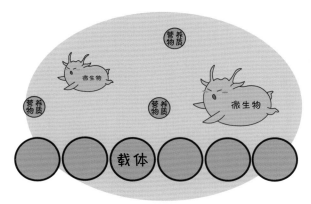

同时，进入絮凝期的微生物开始分泌胞外聚合物并寻找附着点位，因为填料的比表面积更大、可附着性能好，所以微生物会优先选择在填料表面进行定居、生活。而水流中的营养物质也为填料表面的微生物提供了源源不断的食物，促使它们生长繁殖。

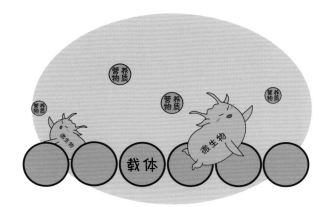

（2）生物膜的增厚、厌氧层与好氧层的平衡

成熟的生物膜是由高度密集的好氧菌、厌氧菌、兼性菌、真菌、原后生动物及藻类等组成的生态系统。

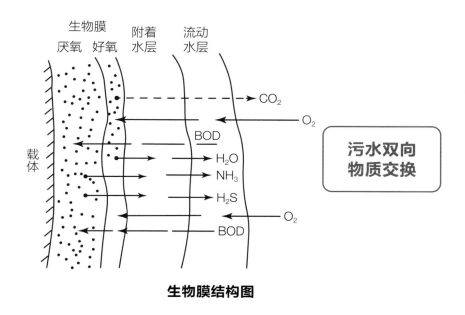

生物膜结构图

（3）生物膜老化和脱落

由于厌氧层的代谢产物向外逸出时要经过好氧层，因此在后期随着生物膜厚度的增加，过多的厌氧代谢产物会使好氧层的稳定性被破坏，而气态产物的增多也减弱了生物膜的附着力，老化的污泥在水力冲刷作用下会发生脱落。而在旧的生物膜脱落后，新的生物膜经过一段时间又会重新长成，相较于老化的生物膜，它们的净化能力更强。

3. 生物膜法的优势

01 由于填料的存在，其微生物量比活性污泥法要高得多，单位容积反应器内的生物量能达到活性污泥法的5～20倍。因此对由污水水质水量变化引起的冲击负荷适应能力更强。

02 由于微生物附着于载体上生长，因此就算丝状菌大量繁殖，也不用担心会发生污泥膨胀，反而能利用丝状菌去除污染物的能力。而从生物膜上脱落下来的污泥，由于比重和颗粒都比较大，也便于进行泥水分离。

03 泥龄长、微生物种类丰富、食物链长。有利于增殖速度比较慢的微生物的富集，具有更好的脱氮效果。

04 食物链较长，后生动物数量较多，它们以啃食污泥为生，可以降低剩余污泥的产量。

4. 生物膜的载体——填料

在生物膜法中，选择填料是工艺的核心步骤。填料的发展经历了一个从单一到多样，从天然到天然与人工相结合的过程。

按照微生物附着载体的存在状态和生物膜被污水浸没的程度，生物膜法主要分为以下几类。

小菌主

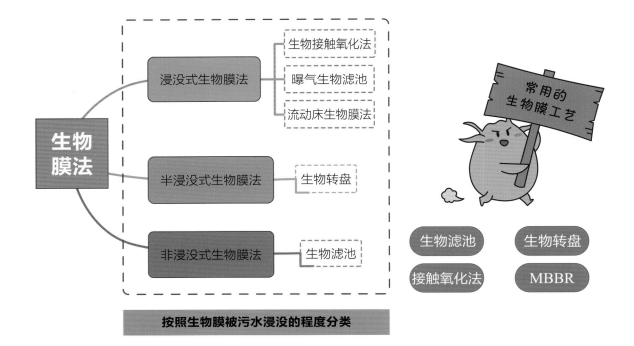

按照生物膜被污水浸没的程度分类

五、A²O 及其衍生工艺

A²O and it's derivative process

1. 引言

（1）有机污染物类型与工艺的选择

在污水处理过程中，有机污染物既是要去除的目标，也是可以被微生物利用的碳源。有机污染物按粒径可划分为颗粒态的和溶解性的，按可生物降解性又可分为易生物降解、慢速生物降解和不可生物降解。两种类型组合，又会产生如易生物降解的颗粒态有机物、不可生物降解的溶解性有机物等。

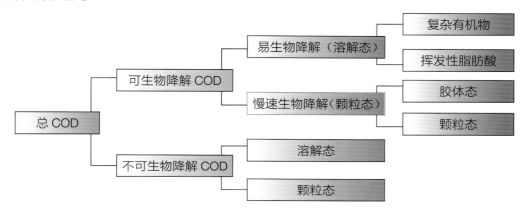

区分不同的组分，针对性选择合适的污染物去除工艺非常重要。例如，易生物降解 COD会很快被微生物利用，是缺氧池反硝化的理想碳源，其浓度也可用来预测生物除磷的性能。而颗粒态和胶体态的有机物必须先被胞外酶分解，因此降解速率慢。当慢速生物降解有机物含量高时，需要较长的水力停留时间和污泥龄才能达到好的处理效果。

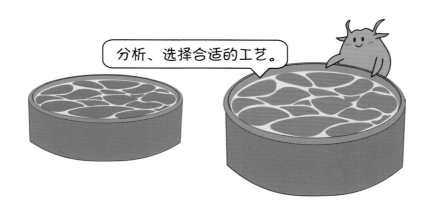

分析、选择合适的工艺。

在进行污水处理工艺设计之前，要先对污水的水质特征进行分析，针对污染物种类、排放量和浓度，选取合适的工艺以起到良好的处理效果。

（2）预处理为微生物保驾护航

水中污染物的去除方法可以粗略划分为物理化学法和微生物法。

一般在预处理阶段，主要用物理化学法，即通过格栅和筛网过滤等去除一些大的颗粒和杂质，再通过气浮、絮凝沉淀等进一步去除污水中的细小悬浮物和胶体。（水中的悬浮物质是颗粒直径约为 0.1 ～ 100μm 的微粒，肉眼可见；胶体物质的直径一般在 1 ～ 100nm。）

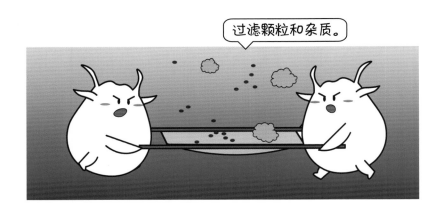

通过预处理可以减少不可生物降解的杂质进入生物处理系统，从而影响微生物的活性和污泥中的有效生物量。除了以上功能，预处理阶段还担负提高 B/C 比，减少具有生物毒性的物质进入生物处理系统的重担，它是护卫在生物处理系统前的一道屏障。

（3）微生物法处理污水的优势

微生物法作为目前最为经济实用的一种污水处理方法，具有其重要的天然优势。很多自然界中原本存在的微生物经过数十亿年的演化，已经将能量获取效率提高到了最大，只需最少量的物质和能量输入就能完成污染物去除任务。在工程运行中，只要创造出适合该微生物群落生长繁殖的条件，就能完成水质净化的目标。像大家比较熟悉的硝化细菌、反硝化细菌、聚磷菌、反硝化聚磷菌等。

微生物法把污水处理简化成了培养微生物的过程。有很多工艺都是为了营造出更适宜的特定微生物生存环境而专门研发的，如本节将要讲到的 A²O 工艺及其衍生工艺。除了这些传统工艺，现阶段比较有发展潜力的厌氧氨氧化、自养反硝化、短程硝化、短程反硝化等，都是通过更为多样的控制策略来富集具有特定功能的微生物群落的。

各个大学和企业的科研机构也在通过筛选和人工强化建立一个微生物资源的种子库。这种针对微生物制剂的研发和推广正越来越受到污水处理从业者的重视。

在生物处理过程中有两个基本原则：①功能性微生物的数量足够，为了获得良好絮体沉降能力和优良出水水质，一般将微生物控制在稳定期。高负荷活性污泥法可采用处于对数期和稳定期的微生物，对于一些可生化性差的废水，需要把微生物控制在内源呼吸阶段。②在降解污染物的过程中，保证微生物与污染物、溶解氧等充分接触以增加传质效率。

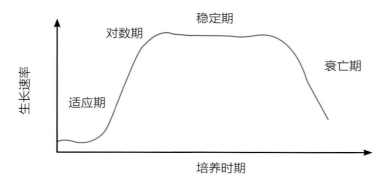

微生物生长曲线

（4）最后一道工序：深度处理

除了进行预处理，物理化学法还承担着对生化处理系统出水进行深度处理的任务。主要是把那些被微生物嫌弃、不愿意吃的难生物降解有机物进行去除，同时去除污水中残余的氮、磷、重金属、盐分等，最终达到中水回用或自然排放的目的。

2. A²O 工艺解析

（1）工艺组成

A²O 工艺由厌氧池、缺氧池、好氧池、二沉池，曝气系统、搅拌装置、回流等组成。

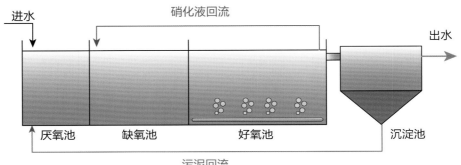

（2）各工艺单元的功能

厌氧池：主要功能是给聚磷菌提供释磷的场所。进水在厌氧池内与富含聚磷菌的回流污泥均匀混合，在没有溶解氧、硝态氮和亚硝态氮的环境下，聚磷菌会水解体内的聚磷颗粒获得能量以吸收挥发性脂肪酸（VFA），并以 PHA 形式储存在体内。

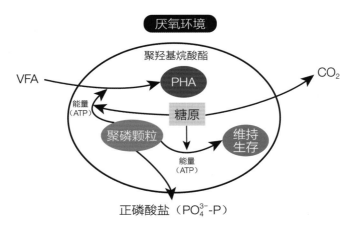

缺氧池：首要功能是反硝化脱氮。携带有大量硝酸盐、亚硝酸盐的硝化液回流后与厌氧出水进行充分混合。反硝化菌利用污水中的有机物，将混合液中的硝酸盐和亚硝酸盐还原为氮气释放到空气中。

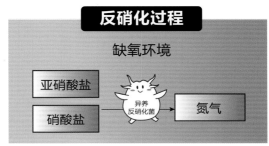

好氧池：BOD 去除、硝化反应、吸磷反应都在这一阶段进行。污水中剩余有机物被异养菌继续分解。硝化细菌将氨氮氧化为硝酸盐，使氨氮浓度降低。聚磷菌以 O_2 作为电子受体氧化分解体内的 PHA，同时超量吸收水中的正磷酸盐。

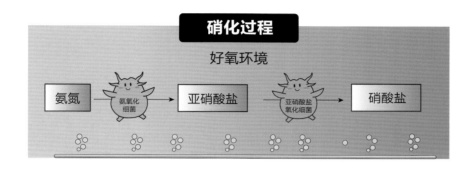

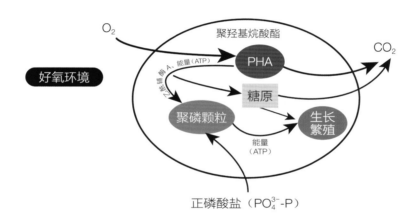

3. A²O 工艺设计要点参考

下面的设计要点均以市政污水为例进行说明（以下内容在没有特别说明的情况下，HRT 均为设计停留时间，即不考虑回流情况下的停留时间）。

（1）厌氧池

污泥在厌氧条件下一般 2h 内可以实现完全释磷，因此厌氧池实际停留时间的取值一般为 2h（该参数需要考虑回流量，如污泥回流比为 100%，厌氧池的设计停留时间为 2 ～ 4h）。

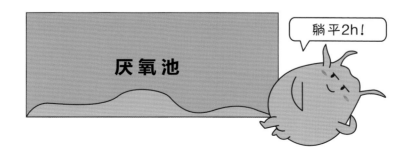

（2）缺氧池

缺氧池主要进行的是反硝化反应，因此进水总氮和反硝化速率决定了反硝化池的池容。反硝化速率和碳源的种类有关。

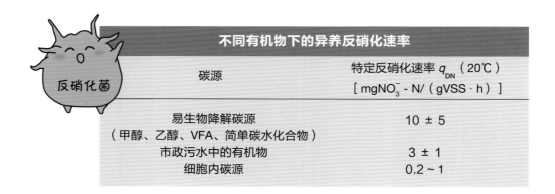

不同有机物下的异养反硝化速率	
碳源	特定反硝化速率 q_{DN}（20℃）[$mgNO_3^- - N/$（gVSS·h）]
易生物降解碳源（甲醇、乙醇、VFA、简单碳水化合物）	10 ± 5
市政污水中的有机物	3 ± 1
细胞内碳源	$0.2 \sim 1$

案例：

污水类型	进水总氮	进水量	污泥浓度	备注
市政污水	30mg/L	100m³/h	3000mg/L	不考虑生物同化和好氧反硝化
缺氧池的池容：30mg/L×100m³/h÷3000mg/L÷3mgNO₃⁻ - N/（gVSS·h）= 333m³				

（3）好氧池

好氧池中主要进行的是硝化反应和好氧吸磷反应，对于市政污水厂来说，好氧吸磷反应没有一个专用的衡量参数，故而一般以硝化反应参数为设计参数。

氨氧化负荷	$0.01 \sim 0.05 kg NH_4^+\text{-}N/$（kg MLSS·d）

案例：

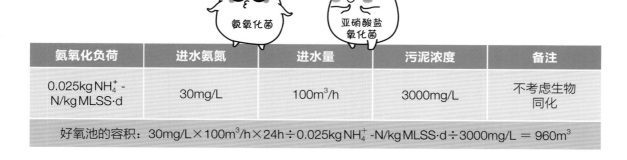

氨氧化负荷	进水氨氮	进水量	污泥浓度	备注
0.025kg NH_4^+-N/kg MLSS·d	30mg/L	100m³/h	3000mg/L	不考虑生物同化
好氧池的容积：30mg/L×100m³/h×24h÷0.025kgNH_4^+-N/kg MLSS·d÷3000mg/L = 960m³				

（4）总氮去除率

① A²O 工艺的脱氮率取决于内回流比，通常内回流量为原污水流量的 2 ～ 4 倍时，脱氮率可达 80% 左右。

②对于进水中含可生物降解抑制物的工业废水，硝化液回流不仅取决于总氮去除率，还要考虑来水中的抑制物浓度。

例如，A 物质可以被微生物降解，但在 10mg/L 时即表现出很强的抑制性。当来水中抑制物浓度为 100mg/L 时，硝化液的回流量需要达到将来水中的抑制物浓度稀释到 10mg/L 以下的要求，即采用 10 倍的回流量。

案例：

进水有机氮	出水总氮要求	备注
30mg/L	10mg/L	不考虑生物同化和好氧反硝化
总氮去除率：（30mg/L-10mg/L）÷30mg/L×100% = 66.7%		
回流比：$r = 66.7\%/（1-66.7\%）= 200\%$		
r 包括硝化液回流和污泥回流，如果污泥回流为 50%，则硝化液回流为 150%		

工艺优点

① A²O 工艺是集脱氮除磷为一体的工艺，可充分利用水中的碳源进行厌氧释磷及缺氧反硝化。

②反硝化可以为后续硝化反应提供碱度，是目前最为常见的一种脱氮除磷工艺。

工艺缺点

①受制于内回流比，脱氮效率会受到硝化液回流比的影响。

②污泥回流中的硝态氮会对厌氧释磷产生不利影响。

③聚磷菌和反硝化菌存在碳源竞争关系。

④排放的剩余污泥中，仅有一部分经历了完整的厌氧过程和好氧过程，再加上要兼顾硝化细菌的生长，污泥龄不能控制得太短，否则会限制生物除磷的效果。

4. 常见变形工艺设计要点

（1）倒置 A²O 工艺（带内回流）设计要点

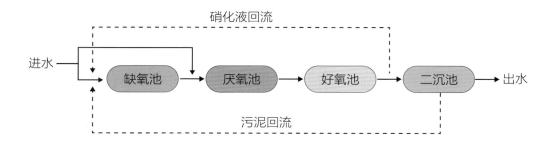

相较于传统 A²O 工艺，此工艺将厌氧与缺氧环境倒置，污水先进入缺氧池脱氮再进入厌氧池，可以避免硝酸盐对厌氧环境的不利影响。为了保证释磷效果，厌氧池的池容需要满足 2h 的实际停留时间。

工艺优点

①避免了污泥回流中硝态氮对厌氧释磷的影响。

②缺氧池优先得到碳源，反硝化速率更高，侧重于强化系统的脱氮能力，适用于总氮较高的废水。

③可采用分点进水方式，在满足反硝化碳源需求的同时，部分污水会直接进入厌氧区，强化厌氧状态，强化聚磷菌过量吸磷的能力，增强生物除磷效果。

④聚磷菌经过厌氧释磷后直接进入好氧环境，在厌氧状态下形成的吸磷动力可以得到充分的利用。

工艺缺点

①为了保证除磷效果，必须在缺氧池中去除回流中的高浓度硝态氮，这需要大量的碳源和较大的缺氧池容积。

②反硝化和聚磷菌对碳源的竞争仍然存在，对多点进水比例要求较高，设计不合理时，脱氮除磷的效率会受到影响。

（2）巴登福（Bardenpho）工艺设计要点

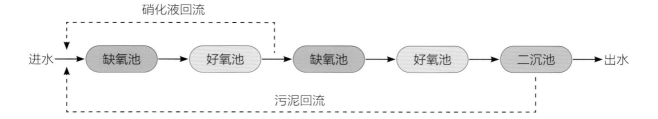

巴登福工艺可以看作是两级 AO 串联。

在以一级 AO 为主的硝化反硝化区域，当二级 A 外加碳源时，则一级 AO 可以按照常规的 AO 工艺参数进行设计（缺氧池的池容取决于要去除的硝态氮，而非来水中的总氮浓度）。二级 A 的池容需要考虑一级 AO 没有去除的总氮要在此进行反硝化反应的情况。二级 O 则仅需要去除二级 A 多投加的碳源，一般设计停留时间为 0.5 ～ 1h。

当二级 A 的碳源为进水时，二级 AO 需要考虑的就不仅是去除一级 AO 剩余的硝态氮，还需要考虑进水中的氨氮浓度。

如果二级 A 以污泥内碳源进行反硝化，由于反硝化速率低，缺氧池的停留时间就需要设计得很长。而且还要考虑系统的污泥负荷，如果污泥负荷很低，那么内源呼吸反硝化的强度会很弱甚至没有。

工艺优点

①反硝化反应比较彻底。

②在进水碳氮比较低的情况下，可节省硝化液回流的量。

③二级 O 为混合液提供了短暂的曝气，降低了二沉池出现厌氧状态和释磷的可能性。

工艺缺点

①没有生物除磷的功能（在很多实际应用中，两级 AO 工艺均实现了生物除磷，这主要是因为在这些应用中，缺氧池的停留时间较长，能够在实现生物脱氮后进行厌氧释磷反应）。

②如果以超越来水作为碳源，则要重新考虑硝化、反硝化和脱碳的生物降解负荷，计算较为复杂。

（3）改良型巴登福工艺设计要点

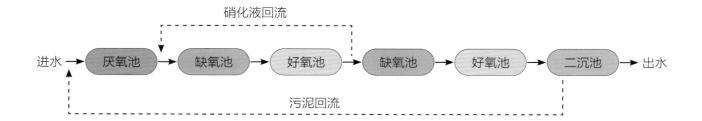

硝化液回流

进水 → 厌氧池 → 缺氧池 → 好氧池 → 缺氧池 → 好氧池 → 二沉池 → 出水

污泥回流

该工艺的创新点是在巴登福工艺的前端增设了一个厌氧区，使反应器的排序变为厌氧—缺氧—好氧—缺氧—好氧。混合液从第一好氧区回流到第一缺氧区，污泥回流到厌氧区的进水端。该工艺通常按照低负荷长泥龄的方式设计和运行，目的是提高脱氮率，一般适合进水氨氮比较高的污水。

工艺优点

①综合了 A^2O 工艺和两级 AO 工艺的优点，前置厌氧池可以消除混合液回流中硝酸盐对生物除磷的影响，具备了脱氮除磷功能。

②反硝化效果比较彻底。

工艺缺点

①与一级 A 池相比，二级 A 池单位容积反硝化速率很低，脱氮效率不高。在某些情况下可以取消二级 A 池，适当加大一级 A 池，以获得最大的反硝化处理效果。

②工艺流程较长，投资和运行成本高。

（4）改良式序列间歇反应器（MSBR）工艺设计要点

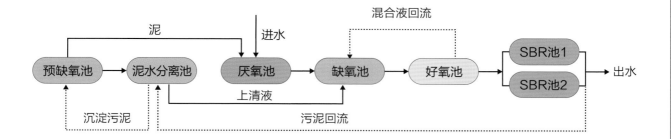

MSBR 工艺实质上是将 A²O 工艺与 SBR 工艺进行了结合。污水经过预处理直接进入厌氧池，与来自预缺氧池的回流污泥混合发生释磷反应后，进入缺氧池进行反硝化，再经过好氧池完成对剩余 BOD 的去除、氨氮的氧化和吸磷反应。

好氧池出水进入后段的 SBR 池，其中一个作为沉淀池时，另一个交替进行缺氧反应和好氧反应。好氧阶段，硝化细菌继续氧化污水中的氨氮，聚磷菌过量吸磷；缺氧阶段则进行内源反硝化。

工艺优点

①可以连续进水，连续出水。既有 A²O 工艺的脱氮除磷功能，又可以根据原水水质变化和出水要求，随时调整不同单元的运行方式。

②污泥进入厌氧池前要先进行浓缩，较小的污泥回流量就能保证厌氧池有足够的污泥浓度。也可以降低回流对进水的稀释，提高反应物浓度，增加反应速率。

③前置预缺氧池消耗了回流污泥中的硝态氮，有利于提高释磷效率。

工艺缺点

①工艺结构相对复杂。

②缺氧池后置使得反硝化阶段没有足够的外来碳源，脱氮率受到限制。

（5）MUCT（Modified University of CapeTown）工艺设计要点

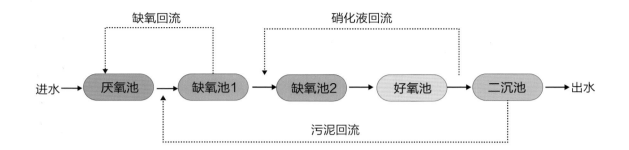

MUCT 工艺的设计目的在于优化生物除磷效果。系统中包含两个内回流，一个是从好氧池末端（出水口）回流到二级缺氧池进行脱氮，另一个是从一级缺氧池回流到厌氧池，补充厌氧池中的污泥。

工艺优点

①回流污泥先在一级缺氧池进行反硝化，降低了回流中硝态氮对厌氧释磷的影响。

②将回流污泥和内回流的反硝化分开进行，进一步降低了硝态氮进入厌氧池的可能性。

③进水碳源相对较低时，还能在二级缺氧池通过内源反硝化来提高总氮去除率。

工艺缺点

①增加了一个内回流系统，回流点位多，操作复杂，能耗高。

②一级缺氧池的污泥浓度没有二沉池的回流污泥浓度高，在不影响生物除磷的前提下，需要尽量减少回流量。

主要参考文献

[1] 庄解忧 . 英国工业革命时期人口的增长和分布的变化 [J]. 厦门大学学报 : 哲学社会科学版 ,
1986(3): 9.

[2] 王洪臣 . 百年活性污泥法的继承与发展 [Z]. 2014.

[3] 高廷耀 , 顾国维 , 周琪 . 水污染控制工程 [M]. 北京 : 高等教育出版社 , 2015.

[4] Zhao W, Bi X, Bai M, et al. Research advances of the phosphorus-accumulating organisms
of Candidatus Accumulibacter, Dechloromonas and Tetrasphaera: Metabolic mechanisms,
applications and influencing factors[J]. Chemosphere, 2022, 307(1).

[5] 室外排水设计标准 : GB 50014—2021[S]. 国家市场监督管理总局 , 2021.

[6] 王晓莲 , 彭永臻 . A^2/O 法污水生物脱氮除磷处理技术与应用 [M]. 北京 : 科学出版社 , 2009.

菌主笔记

林彦徐 胡金龙 刘君 编著

②

碳转化路径篇

MicroJun

中国环境出版集团·北京

图书在版编目（CIP）数据

菌主笔记. 2，碳转化路径篇 / 林彦徐，胡金龙，刘
君编著. -- 北京：中国环境出版集团，2024.5
ISBN 978-7-5111-5867-3

Ⅰ. ①菌… Ⅱ. ①林… ②胡… ③刘… Ⅲ. ①污水处
理－普及读物 Ⅳ. ①X703-49

中国国家版本馆CIP数据核字(2024)第101882号

出 版 人　武德凯
责任编辑　梅　霞
装帧设计　宋　瑞

出版发行　**中国环境出版集团**
　　　　　（100062　北京市东城区广渠门内大街 16 号）
　　　　　网　　　址：http://www.cesp.com.cn
　　　　　电子邮箱：bjgl@cesp.com.cn
　　　　　联系电话：010-67112765（编辑管理部）
　　　　　　　　　　010-67147349（第四分社）
　　　　　发行热线：010-67125803，010-67113405（传真）
印　　刷　玖龙（天津）印刷有限公司
经　　销　各地新华书店
版　　次　2024 年 5 月第 1 版
印　　次　2024 年 5 月第 1 次印刷
开　　本　889×1194　1/16
印　　张　16.25
字　　数　380 千字
定　　价　199.00 元（全 6 册）

中国环境出版集团郑重承诺：
中国环境出版集团合作的印刷单位、材料单位均具有中国环境标志产品认证。

FOREWORD
序　言

────────────────────────

　　随着我国环境保护行业从增量市场向存量运营市场的转变，生化系统的稳定运行和控制成为环境保护行业的一大痛点，当前我国环境污染治理依然任重道远。

　　为实现发展生产力这一目标，我们必须加快人才培养速度。"小菌主"创作团队就是因这一初心而创建的。8 年来我们一直致力于利用微生物进行污水处理，在日复一日的工作实践中，我们积累了许多实战经验，也对污水处理行业的现状产生了一些思考。随着自媒体兴起，我们就想或许可以借助自媒体平台做一些有价值的输出，一来可以与同行交流经验；二来可以帮助一些新入行或者将要入行的朋友更快地了解微生物污水处理。

　　污水处理看似简单，实则涵盖了多学科知识，不仅涉及多样化的设备使用、复杂的药剂使用、严格的工艺流程等，还涉及微生物学、化学、药剂学、工程学等诸多学科，值得科普的内容实在太多了。随着我们制作的视频数量越来越多，后台粉丝朋友留言催更的声音也越来越大。再后来，越来越多的粉丝朋友在后台留言，希望我们把视频内容整理成书，以便大家在工作实践中参考，《菌主笔记》便由此而来。为了让叙述生动形象，我们还设计了一整套"小菌宝"形象，它们在书中分别代表各类微生物、污染物质和"小菌主"（作者）。

《菌主笔记》目前一共有6册，分别是工艺演化篇、碳转化路径篇、厌氧生物处理篇、硝化与反硝化作用篇（上）、硝化与反硝化作用篇（下）和微生物镜检篇。本册是碳转化路径篇，主要对异养微生物利用有机物进行的分解代谢、合成代谢及能量分配进行了介绍。

　　最后，感谢《菌主笔记》的所有创作人员（主要编写人员：林彦徐、胡金龙、刘君；其他编写人员：王宁波、叶振琴、金宇晨、汤燕红、徐颖）。同时，由于作者水平有限，书中难免存在不当之处，恳请大家批评指正，我们一定听取建议，完善修正。

小菌主环境科技（武汉）有限公司《菌主笔记》创作团队

2024 年 3 月 31 日

CONTENTS

目　录

一、菌胶团的形成与作用机理
Formation and mechanism of zoogloea

扫码观看 动画视频

1. 碳转化第一步：碳源和电子供体的分配

微生物的代谢活动分为分解代谢与合成代谢。分解代谢是为了获取能量，合成代谢则是为了合成新的细胞。有了稳定的有机碳输入，异养微生物就能按照一定比例把有机碳转化为生物细胞中的碳。

获取能量源　　　　合成新的细胞

分解代谢　　　　　合成代谢

（1）分解代谢与合成代谢

能量的获取与合成代谢是微生物转化碳元素的第一步，这一步有两个关键概念：碳源和电子供体。

好好学习！

碳源　　电子供体

对于异养型微生物，进入水体中的有机污染物，既是碳源也是能源。微生物利用有机物时也在同步提取其中的能量，这就是微生物呼吸作用。

碳元素在被微生物利用时，除了一部分转变为 CO_2，释放到空气中，还有一部分碳被"私下扣留"用来合成新的细胞物质。

有机物作为电子供体对应的是微生物的分解代谢，而作为碳源对应的则是合成代谢，在合成代谢中，微生物把营养物质转化为细胞。

（2）碳源与电子供体的区别

以化学元素作为构建自身细胞物质的"钢筋水泥"，碳、氢、氧、氮、磷占大多数细胞质量的 99% 以上，所以微生物在复制自身的结构时需要有相应的碳源、氮源、磷源。碳源这个说法是从微生物物质需求的角度来说的。生化处理系统中的异养菌是利用有机物中的化学元素来构建自身细胞物质的。

微生物通过分解代谢获取有机物中的能量并将其转化为 ATP。

电子供体是从化学反应的角度来说的，微生物参与的是氧化还原反应，因为要遵循电荷守恒定律，而化学反应的实质是电子的转移，所以得到电子的即为电子受体，失去电子的即为电子供体。

（3）作为碳源和电子供体的物质

在好氧反应中，有机物失去电子被氧化，是电子供体，氧气得到电子，是电子受体，氧气得到电子后与氢质子结合为水，同时释放能量。

在非好氧生物系统中，微生物以下列物质作为电子受体。

碳源与电子供体并不总是重合的。

$$3C_6H_{12}O_6+8O_2+2NH_3 \longrightarrow 2C_5H_7NO_2+8CO_2+14H_2O$$

上式是以葡萄糖作为碳源合成生物细胞的总反应式，在初始反应中，葡萄糖作为碳源共提供了 18 个碳原子，其中 10 个变成了微生物细胞的组成部分，8 个与氧原子结合生成了二氧化碳从系统中溢出。葡萄糖在这个反应中不仅是电子供体，还是碳源，会与其他元素共同合成生物体。

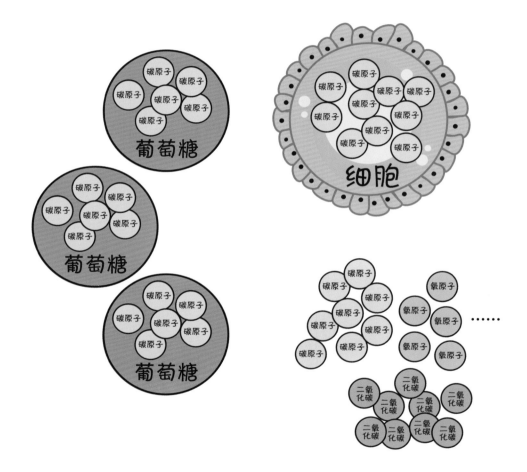

有机物作为电子供体时，不会转化为 BOD，不会增加系统负荷，而是作为特定生化反应的必要物质，使化学反应顺利完成，促进特定有机物的降解。在这些反应中作为电子供体的通常都是葡萄糖、乙酸钠等简单小分子有机物。

2. 碳转化第二步：胞外聚合物（EPS）促进菌胶团的形成

（1）群体感应现象

在生物膜的形成过程中，当微生物种群达到一定密度就会触发群体感应。此时，微生物从游离迁徙状态转为定居生活，并将形成新细胞一部分的产能，分配到胞外聚合物的合成上。

这就是碳转化的第二步：EPS 分泌和菌胶团形成。

（2）菌胶团的形成和维护

有填料存在时，微生物就会以填料为附着点位，在其表面进行固定式生长，同时分泌胞外聚合物形成生物膜。

扫码观看 动画视频

没有填料时，就借助现有的微生物残体（如多聚糖等破碎的细胞壁组分）和代谢产物（主要是微生物细胞分泌的 EPS）来构建菌胶团。

菌胶团具有很多微小孔隙，可以容纳微生物。一些絮凝性微生物构建的菌胶团，除了容纳自身，还能容纳其他类型的微生物，有利于形成各种协作共生模式。微生物需要持续不断对菌胶团进行后期维护和"扩建"。

在世代交替和繁衍中，不断有新的细胞残体与代谢产物生成，这些都是菌胶团增长的材料。同时，由于群体感应（QS）的限制，新生的菌体依然会以固着方式生长。

微生物构建菌胶团——维护和扩建

胞外聚合物的组成成分中，多糖类物质影响胞外聚合物的亲水性，蛋白质、腐殖酸和糖醛酸影响胞外聚合物的疏水性。

影响胞外聚合物疏水性的组成成分

- 蛋白质
- 腐殖酸
- 糖醛酸

蛋白质相对含量高时，疏水性强，有利于提高菌胶团的絮凝能力，而当胞外多糖等亲水性成分含量高时，菌胶团的结构会蓬松一些。

丝状菌具有很大的比表面积，能为游离细菌和初生的细小菌胶团提供附着点，起到了"骨架"作用。菌胶团细菌的世代周期比丝状菌短，在正常系统中，丝状菌几乎完全被菌胶团包裹。

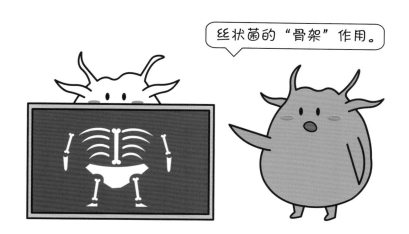

丝状菌的"骨架"作用。

有些微生物可以分泌水解酶，缓慢地"吃掉"构成菌胶团的胞外聚合物，导致其组成成分不断发生变化。于是既有消耗，也有补充，在这个小小的群落里，微生物用自己的"生生死死"来完成人们赋予它们的使命。

我有水解酶。

菌胶团

（3）菌胶团解体的危机

特定污染物的降解是由对应的微生物来完成的，所以这些微生物的数量与活性，就是在停留时间内能否完成污染物降解的关键。

而不同的有机物组分、营养比例和负荷会激活不同微生物的活性，使优势微生物的数量发生改变，这就有可能破坏菌胶团的结构和功能，导致絮凝性降低或者解体。

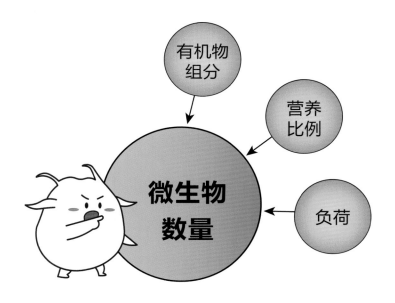

有时候，由于得不到充足的营养，"建造"絮体的微生物数量会下降。由于得不到后期持续的维护，絮体被破坏后会转化为碎片和溶解性 COD 随水流出。

（4）活性污泥对污染物的初期吸附现象

胞外聚合物除了影响活性污泥本身的絮凝性能和沉降性能，还能实现对有机物和金属离子的吸附。

当活性污泥在含有溶解性和非溶解性有机物的混合污水中曝气时，在初始的 5～10 min，混合液中的 BOD_5 会急剧下降。这种活性污泥对污染物的初期吸附现象，是由微生物分泌的胞外聚合物实现的。

扫码观看 动画视频

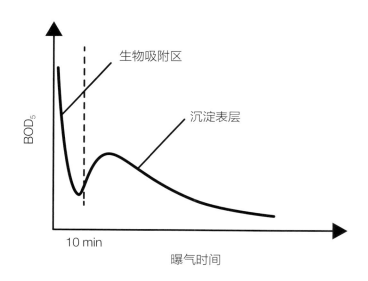

非溶解性和溶解性混合底物与活性污泥
混合曝气后 BOD_5 值的动态变化

组成胞外聚合物的大多是长链高分子化合物，含有较为丰富的羟基、羧基、氨基等吸附点位。活性污泥对胶体和悬浮形态的污染物具有较强的吸附能力，对溶解性有机物主要是通过吸收后再降解来去除。

活动污泥里的微生物分泌大量胞外聚合物

（5）胞外聚合物对金属离子的吸附机理

在中性和碱性条件下，EPS 中带负电荷的官能团较多，表现出负电性，可以通过静电作用和共价键与金属阳离子进行螯合，吸附去除污染物。

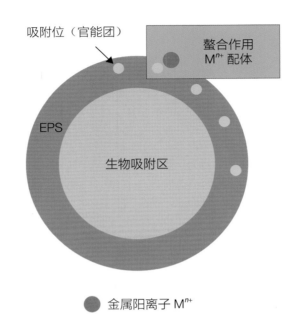

水中的聚合物分子与颗粒物相互碰撞时，其上的某些基团与颗粒物发生吸附作用，使这个吸附点位进入饱和状态。其他的空余吸附点位，则继续与其他的颗粒物进行碰撞。

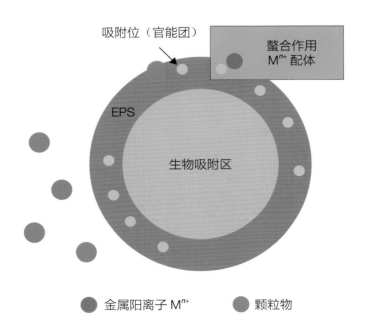

有时会有多个高分子长链同时吸附在一个微粒上，形成"聚合体—微粒—聚合体"的结构。此时，高分子聚合物之间虽然并未直接接触，但是通过微粒（如二价阳离子）的牵线搭桥结合成了更大的絮体。这个微粒起到的就是桥联作用。

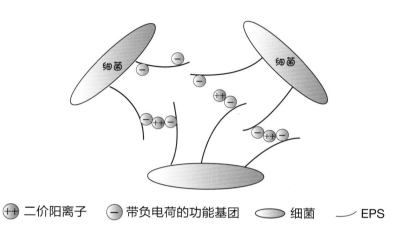

| ⊕⊕ 二价阳离子 | ⊖ 带负电荷的功能基团 | ⬭ 细菌 | ⌄ EPS |

絮体基质内二价阳离子架桥学说

当加入一价的钠离子，借助离子交换去除絮体中的钙离子时，就会发生解絮现象。这是因为钠离子只带有一个正电荷，不能在聚合体之间或聚合体与微生物之间产生桥联作用。

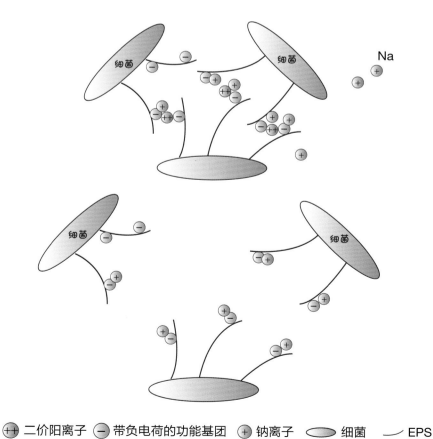

| ⊕⊕ 二价阳离子 | ⊖ 带负电荷的功能基团 | ⊕ 钠离子 | ⬭ 细菌 | ⌄ EPS |

絮体基质一价阳离子加入后发生的解絮现象

当污水中的钠离子浓度增加时,会和原本在聚合体之间起桥联作用的钙离子发生置换反应,从而引起污泥解絮,并对絮体的形成产生抑制。这也是高盐废水中污泥絮凝能力较差,常出现跑泥现象的原因。

由于水体中存在一定数量的氢离子,这些氢离子和金属离子一样带正电荷,所以两者之间会发生竞争性吸附。

在碱性条件下,氢离子浓度较低时,有利于金属离子吸附在 EPS 上。一些金属离子也会在碱性环境中生成对应的羟基化合物从水中结晶析出,沉积在絮体表面。

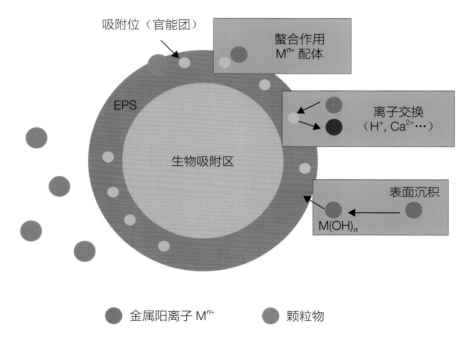

胞外聚合物对污染物的吸附作用存在多种机理,是微生物降解污染物的第一个步骤。不同成分的废水,吸附作用的主要机理也不同。

3. 碳转化第三步：絮凝能力关系到污染物的去除

（1）胞外聚合物——生物絮凝剂

随着培养和驯化的进行，菌胶团数量逐渐增多，微生物通过分泌胞外聚合物把多余的营养储存在体外，同时胞外聚合物也是一种天然高分子生物絮凝剂，能使污泥絮凝性稳步提升，活性污泥法正是对微生物自身絮凝作用的一种实际应用。

扫码观看 动画视频

微生物通过胞外聚合物彼此连接，或者附着在填料上。而且由于絮体的吸附性，微生物更容易在竞争关系中捕获到食物，也提高了其对于 pH、水温变化、有毒物质侵害的抵抗能力。

生物絮凝剂与物化阶段投加的铁铝盐、PAC、PAM 作用类似，都可以通过吸附去除水体中的悬浮物和胶体。区别是吸附作用只是微生物氧化分解的预步骤，随后还会分泌酶将有机物分解。

（2）生物絮凝作用的机理

沉降比实验最核心的观察点建立在生物絮凝剂产量上。沉降比实验所需的泥水混合物通常在曝气池末端进行取样，这个位置也可以被理解为曝气池生物絮凝剂产量的观测点。

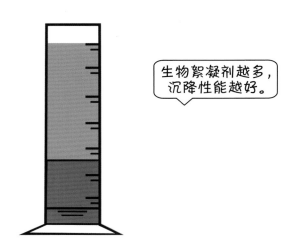

生物絮凝剂越多，沉降性能越好。

除了色度、丝状菌膨胀这些因素，上清液是否浑浊、是否有悬浮絮体、沉降絮体的粒度、整体状态等，都是由微生物分泌的生物絮凝剂决定的。

对碳源、碳氮比、微量元素、污泥负荷、pH等因素的控制都侧重于提高微生物产生絮凝剂的速度。

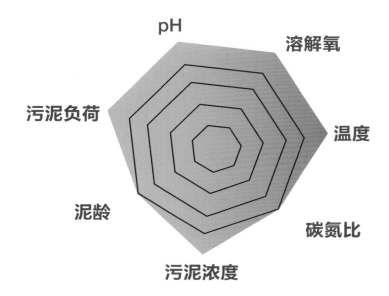

如果进水负荷过高，超过了系统现有菌胶团的吸附能力，就会有多余的有机物游离在菌胶团之外；如果底物的分解速率超过了菌胶团自身的利用能力，分解之后的产物就会外溢到混合液中，这两种情况都会使游离细菌大量繁殖，也反映出系统处理效果并不理想，水中有机物较多。

测定沉降比时，菌胶团都在量筒下半部分，但是上清液依然浑浊，残余有很多有机物。

如果负荷过低，那么微生物就饿得只能吃自己的"衣服"了，于是随着胞外聚合物的消耗，絮凝性也会逐渐降低。负荷过高和过低都会使絮凝性变差，不同点在于，一个是絮凝不过来，另一个是解絮。

微生物是絮凝剂的生产主体，当微生物受到 pH、有毒物质、高温的冲击时，其活性会降低甚至死亡，同时会停止生产胞外聚合物，絮凝性下降，甚至自身也被水解。

在老化严重的系统中，死亡的细菌占比很高，随着它们被水解转化为 COD 重新释放到系统中，有效污泥量减少，如果进水负荷不变，可能会呈现又老化又高负荷的状态。

丝状菌膨胀也与絮凝性细菌受到抑制有关。当营养物、pH、溶解氧成为限制性因素，菌胶团的活性会下降，丝状菌自身就会得到解放，从絮凝性细菌的牢笼中挣脱，开始优势生长。

4. 碳转化第四步：剩余污泥的产生和处理

扫码观看 动画视频

在正常运营期间，随着碳源的持续输入，污泥絮体的数量还会增加，当超出设计值时，就要进行剩余污泥的排放。而剩余污泥其实是微生物转化污染物形成的更复杂多样的生物碳源。

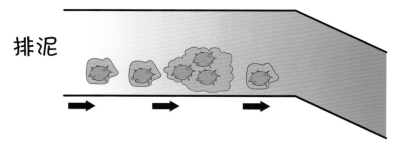

剩余污泥的处置是碳转化的最后一步，只有通过对污泥的资源化利用，回收其中的能源或生物碳等，才能说真正完成了污染物的去除，这也是当前污水处理领域的一个热点话题。

二、COD 降解规律和影响因素
The law and influencing factors of COD degradation

扫码观看 动画视频

1. 嘘寒问暖：温度对生物处理的意义

（1）温度对于微生物的重要意义

在一定温度范围内，随着温度的升高，微生物的代谢和生长速度都将加快。但构成微生物细胞的蛋白质和核酸对温度比较敏感，当温度超过一定限度时，这两者会不可逆地失活，从而造成微生物的死亡。

（2）根据最适生长温度对微生物进行分类

以生长速率的快慢为标准来划分，每一种微生物都存在三个温度参数区间。根据其中的最适生长温度，还可以对微生物进行划分。

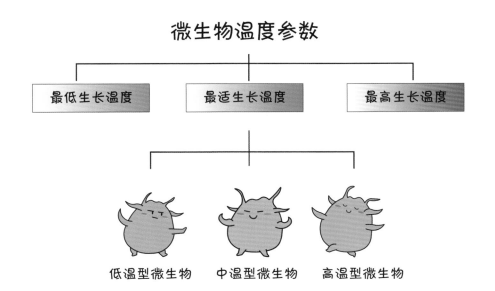

此外还存在极端嗜冷菌和嗜热菌。污水处理系统中以中温型微生物为主，其最低生长温度在 10℃～20℃，最适生长温度在 20℃～35℃，最高生长温度在 40℃～45℃。

（3）高水温对生物处理的影响

以中温型细菌为主体的活性污泥，在 30℃左右代谢最旺盛。

30℃代谢旺盛，嗨起来！

在水温突然高于 35℃后，微生物去除氨氮和磷的能力会明显下降。这是因为未经驯化的硝化细菌和聚磷菌对高温的耐受力较差。

水温升高后，水体中溶解氧的饱和度会下降，不利于水体对溶解氧的"暂存"。同时外界气温也在上升，空气密度在下降，风机提供同样的风量所包含的氧分子数量会变少，进一步削弱了系统的充氧能力，加剧了不同菌种对溶解氧的竞争。

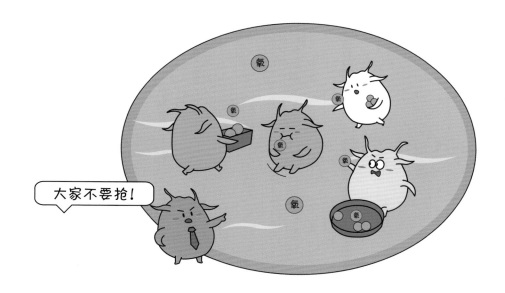

（4）高温环境对絮凝、沉降、生物吸附、出水浊度的影响

温度升高后，分泌胞外聚合物更多的中温型细菌数量减少，使得絮凝性下降，吸附能力减弱，沉降性变差，出水浊度增加。

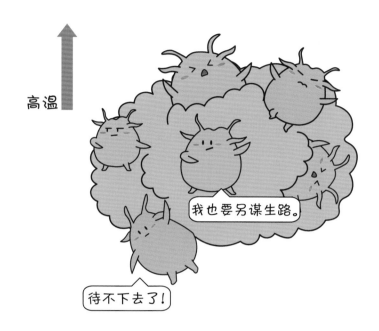

（5）低水温对生物处理的影响

在生化系统的低温运行期，即温度在 10℃左右时，主要影响的是生物酶的活性。

水温降低，微生物代谢活性下降，胞外聚合物分泌受到影响，直接影响微生物絮体的沉降性能。营养物质的扩散也会减慢，影响微生物的"进食"效率。

丝状菌爆发，在低温环境下，菌胶团中细菌的活性受到抑制，原本生长速率较慢的丝状菌可能会优势生长，使絮体变得松散，影响污泥絮体的沉降性能。

低水温时，一些有机物的降解速率会减慢，不能完全降解，而是转变为溶解性的有机中间产物，从而增加了混合液的黏度，使曝气池泡沫量变大。

当水温低于 10℃时，聚磷菌的生长速度也会减慢，从而降低了除磷效率。

2. 钟鸣鼎食：碳氮磷对生物处理的影响

（1）细胞的组成元素

碳氮磷是组成微生物细胞的重要元素，在去除有机物的同时，还能通过微生物的同化作用去除一定比例的氮、磷污染物。

扫码观看 动画视频

$$BOD_5 ： N ： P = 100 ： 5 ： 1$$

絮状污泥由以下物质组成。

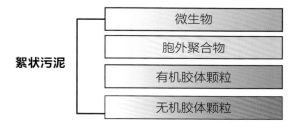

絮状污泥
- 微生物
- 胞外聚合物
- 有机胶体颗粒
- 无机胶体颗粒

絮状污泥不仅为微生物提供了栖居地，抵抗外界不良环境，还是微生物进行生化反应的场所，更是"物资紧缺"时的碳源储备。

21

（2）氮、磷对活性污泥絮凝能力的影响

胞外聚合物是由微生物分泌的代谢产物或死亡后的残留物构成的。具有以下性质。

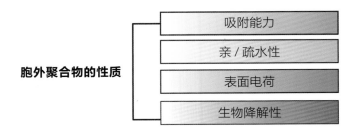

胞外聚合物的两种主要组分：胞外蛋白（PN）和胞外多糖（PS），是影响活性污泥絮凝能力的关键因素。

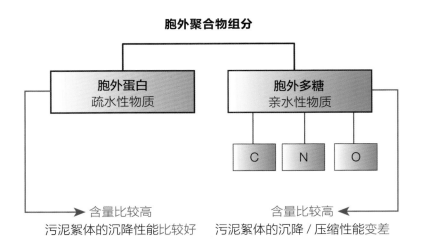

如果某种元素严重缺乏，就会影响微生物的合成和能量代谢，进而削弱它们分泌胞外聚合物的能力，对生物絮体的状态产生影响，长期持续还会降低生物系统的处理效率。

（3）氮、磷对活性污泥结构的影响

碳、氮、磷比例正常的活性污泥，会有少量丝状菌来维持絮体的结构，还会有大量球菌、杆菌附着于丝状菌之上。

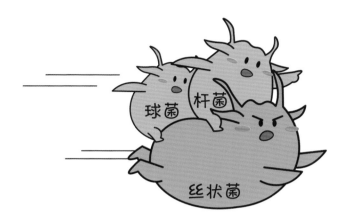

氮元素含量不足时，胞外蛋白的合成会受限，微生物会分泌更多的胞外多糖，使得活性污泥絮体的尺寸逐渐增大，结构变得松散。

当进水中几乎不含微生物可利用的氮时，会长出较多的丝状菌。絮体保持较大的尺寸，但是结构更为松散，并且球菌与丝状菌之间的附着关系也不再紧密。

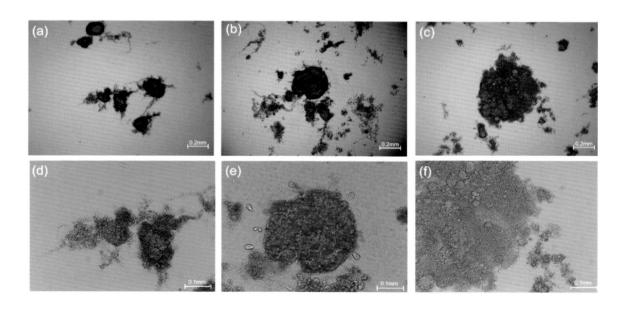

不同氮含量下活性污泥絮体的显微镜照片

（a，d）正常氮含量，（b，e）氮限制阶段，（c，f）氮缺乏阶段

由于丝状菌可以参与多糖和蛋白质等复杂化合物的降解，因此在氮缺乏阶段会优势生长，使胞外聚合物含量进一步降低，并且会因为生物量合成不足，影响 COD 的去除，降低 TP（总磷）的去除率。

当磷元素的含量不足时，活性污泥絮体也会增大，但结构依然紧密，呈现老化状态。

当进水中几乎不含磷时，活性污泥絮体不但尺寸减小，而且结构会变得非常疏松，此时污泥之间的聚集能力非常差，并伴有解体现象出现，使氨氮和 TN（总氮）去除能力大幅下降。

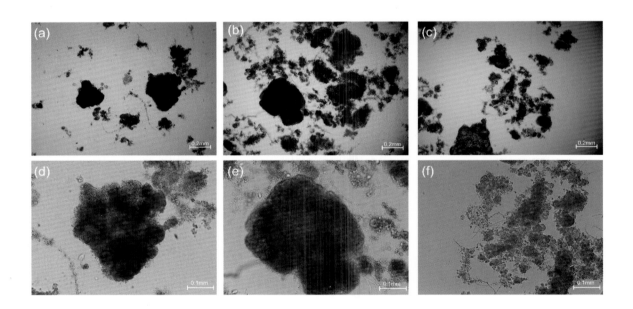

不同磷含量下活性污泥絮体的显微镜照片

（a，d）正常磷含量，（b，e）磷限制阶段，（c，f）磷缺乏阶段

小结：进水氮含量或磷含量不足均会导致污泥的紧密程度下降，体积相比正常时增大。氮含量或磷含量严重缺乏时，还会引起污泥解体，并对污染物的去除产生不良影响。

3. 两相情悦：溶解氧的供应效率

微生物的呼吸作用需要摄取溶解在水中的氧分子。曝气池的溶解氧浓度一般控制在 2 ～ 4 mg/L。

（1）气体和液体的流动方向

在传统鼓风曝气方式中，空气分子是被风机引入曝气管道，然后通过曝气头，以气泡的形式进入混合液的。

扫码观看 动画视频

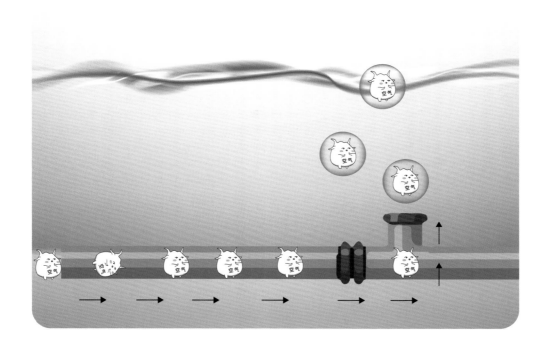

曝气池中的液体是两种流体的混合，一个是混合液的横向流动，一个是沿纵向上升的气泡流，两者的流动方向相互垂直。

混合液体

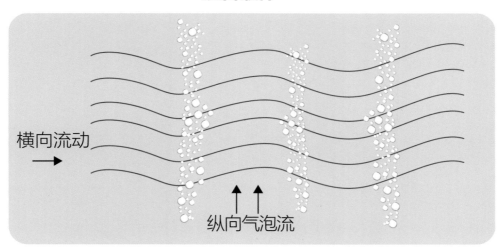

横向流动

纵向气泡流

曝气要把气泡里携带的氧气在上升过程中传递给混合液中的菌胶团，除了物质交换，其中还有动量的转换。

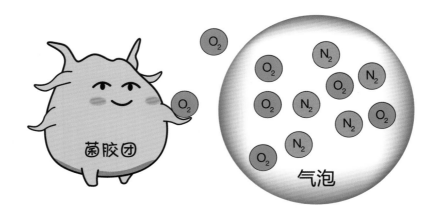

（2）气提原理

曝气区气体与液体呈混合状态，所以这个区域内的平均密度、压强也会下降。密度变小的混合液上升，周围的水体就会迅速补充进来，然后循环往复。这种由于密度差形成的柱状上升流，使每个曝气点与其上方的区域都构成了一个气提组合区。

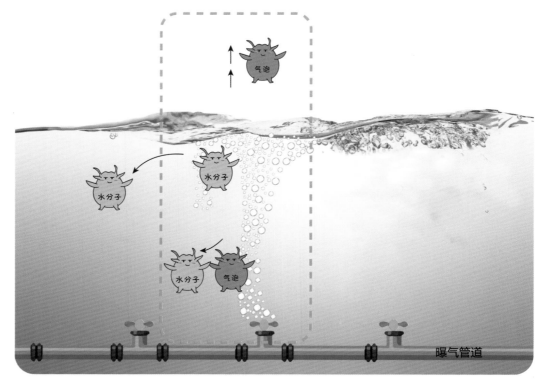

气提原理示意图

在气液柱区域，混合液会进入剧烈的紊流状态，物质与能量传递都以很高的效率发生。

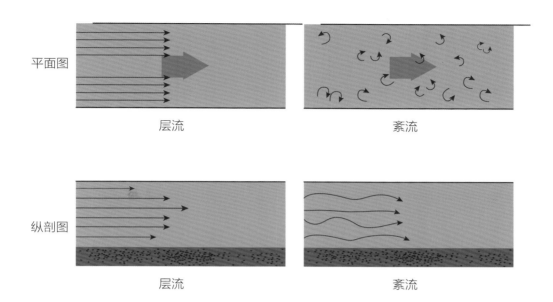

平面图 | 层流 | 紊流

纵剖图 | 层流 | 紊流

曝气实际上是气液两相尽可能充分混合的过程，气泡上升所形成的气液柱，在水流经过时就会被混合完成充氧，然后流向下一个充氧点，不断补充絮体内被消耗的溶解氧。

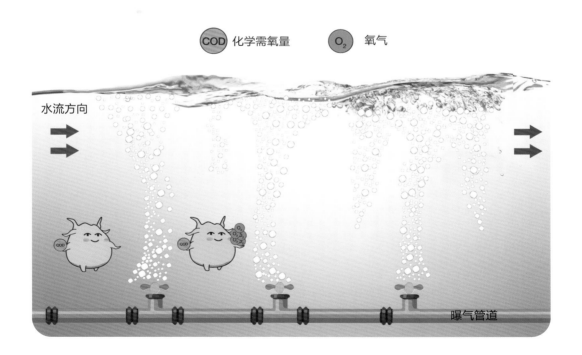

（3）充氧异常情况分析

在理想情况下，水流在经过同一个曝气池区域时，由于都经过了同等强度的曝气，在某一个点持续监测溶解氧，其数值不会在短时间内发生很大幅度的变化。

若在固定位置进行溶解氧测定发现数值变化快而且幅度大，在排除了存在干扰物质和溶氧仪自身问题后，就可以认为曝气池中的混合液在抵达这个点位前，没有经过同等强度的曝气。未经充氧和经过充氧的水在此出现了混流。

如果在实际监测中出现这种现象，应当引起现场操作人员的重视。

出现这种情况可能是因为有曝气头堵塞或损坏，出现了曝气盲区，有些混合液没有经过足量曝气就进入了后端。也可能是由于曝气头损坏后，曝气点间距加大，混合液中的溶解氧在被菌胶团消耗后，没有得到及时的补充。

也可能是因为污水厂降低了供风量。降低供风量相当于降低了曝气的搅拌混合作用，湍流作用也随之减弱。靠近表层的混合液可能会选择最短的路径直接从池面流过。

随着时间的推移，曝气不足的区域可能会逐渐连成一片。此时溶解氧将重新变得稳定，但是它的稳定点即是最低溶解氧浓度。

达到曝气池内气液均匀混合所需要的时间，取决于需氧速率与充氧速率。在气泡上升过程中，氧气会通过气液膜扩散到液相中。气泡外的紊流状态会加快气液膜的更新，增加传质效率。

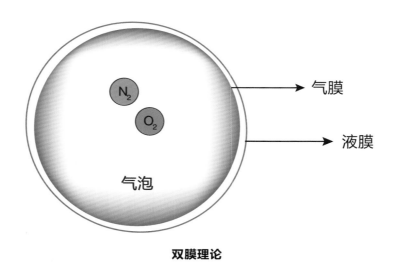

双膜理论

气泡和液体的速度，尤其是垂向速度，决定了气体在水中停留时间的长短。停留时间越长，氧的传质时间越长，对氧的传递越有利。气泡越细密，与水的传质接触面积也就越大。

4. 他山之石：难降解有机物的降解机理

（1）焦化废水简介

焦化废水中含有大量难降解有机物，常见的有硫氰化物、苯酚、吡啶、喹啉等，其中吡啶和喹啉都是含氮杂环化合物。

扫码观看 动画视频

扫码观看 动画视频

难降解有机物的含量和焦炉的温度控制有关，炉顶温度越低，蒸氨废水 COD 越高，难降解物质越多。

污泥絮体具有吸附作用，会富集水中的有毒物质。当这种物质的代谢速度小于吸附速度时，微生物就会产生慢性中毒。

慢性中毒会使絮体中对毒性物质敏感的细菌，如硝化细菌，处理效率下降。

含氮杂环化合物对硝化反应的抑制作用属于可逆抑制，为了解除抑制作用，需要加快吡啶和喹啉的分解速率。

（2）苯酚、吡啶、喹啉的降解途径

苯、苯酚、吡啶和喹啉的分子式及结构式如下。

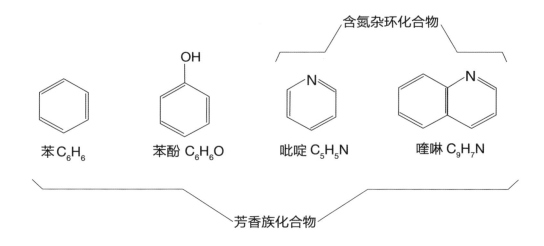

苯酚、吡啶、喹啉虽然可以被生物降解，但都属于难降解类物质。

通常芳香族化合物在经过两个单加氧反应后，就会开环并生成易于生物降解的有机酸。对于吡啶和喹啉，关键步骤便是单加氧反应。

这三种物质在好氧条件下的降解途径如下。

苯酚、吡啶、喹啉生物降解途径的单加氧反应和双加氧反应

三种物质的初始降解步骤都是在与底物对应的特定单加氧酶催化下的羟基化反应。

（3）羟基化反应

羟基化反应是在有机化合物分子引入羟基（-OH）的反应，在这个反应中，有机化合物分子中的氢被羟基取代。

苯酚 C_6H_6O

吡啶 C_5H_5N

喹啉 C_9H_7N

A-H

羟基化反应
单加氧酶

A-OH

$C_6H_6O_2$
邻苯二酚

C_5H_5NO
2-羟基吡啶

C_9H_7NO
2-羟基喹啉

单加氧酶的作用是催化羟基化反应。

氧分子先与单加氧酶的活性中心结合，然后其中一个氧原子与底物 A-H 结合，形成羟基，另一个氧原子被还原成水。

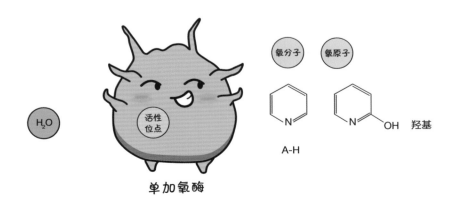

羟基化反应的通用反应式如下。

$$ZH_2 + O_2 + A\text{-}H \xrightarrow{\text{单加氧酶}} A\text{-}OH + H_2O + Z$$

ZH_2 表示胞内电子供体　　　A-H 为待分解的有机物

在微生物体内，有机物氧化的三种方式分别为脱氢、加氧和失电子，其本质都是电子的得失。

在羟基化反应中，电子供体（ZH_2）由于脱氢被氧化，底物（A-H）以加氧的方式被初步氧化。

胞内电子供体若不考虑难降解有机物被氧化成易降解物质的过程中会产生一些电子，反过来加速单加氧反应这一因素，也可以由一些易降解物质来充当。

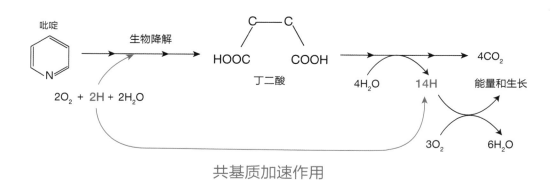

共基质加速作用

结论：能否有效降解苯酚、吡啶或喹啉的关键是能否加速单加氧酶催化的羟基化反应。这个反应必须要有电子供体和氧分子。

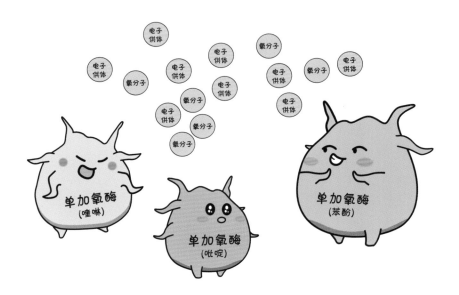

（4）相互抑制作用

相互抑制作用是指一种有机污染物对另一种有机污染物的生物降解速率产生的负面影响。

不管是吡啶、苯酚、喹啉中的两者混合降解还是三者混合降解，它们的生物降解速率都会因为对电子供体和氧分子的竞争而有所减慢。在溶解氧不是限制性因素时，外加电子供体能够显著加速它们的降解速率，其中苯酚最明显，其次是喹啉。

综上，对可以通过好氧降解的工业废水中的多种难降解有机物进行处理具有重要的意义。

三、污泥回流与控制
Sludge reflux and control

扫码观看 动画视频　　扫码观看 动画视频

1. 污泥回流与调控

（1）什么是污泥回流

污泥回流就是对系统中已经培育成熟的污泥进行回收，使其重新回流到生化系统前端。在曝气池有效容积恒定时，进水流量和污泥回流量共同决定了系统的水力负荷。

回流污泥实际上是由污泥和一定比例经过处理后的水构成的。遇到短时间的高负荷、高pH进水冲击时，可以加大污泥回流作为应急手段。这样既能回流更多的污泥来减轻负荷冲击，也可以用处理后的水对异常来水进行稀释。

（2）污泥回流比的计算

控制二沉池表面负荷，保证足够的停留时间，让絮状污泥能沉降到二沉池的底部，形成一个厚度稳定的污泥层，刮泥机才能把污泥均匀地吸走。

稳定运行时，进入二沉池的混合液中有多少污泥，就应该有多少污泥重新被回流。

$$RSS \times Q_r = (Q + Q_r) \times MLSS$$

$$R = \frac{Q_r}{Q} = \frac{MLSS}{RSS-MLSS}$$

RSS——回流污泥浓度　　　　Q——进水流量　　　R——污泥回流比

MLSS——混合液污泥浓度　　Q_r——污泥回流量

如果 R 值太大，污泥积累的速度赶不上回流的速度，就会使回流污泥的浓度降低。如果 R 值过小，在二沉池和集泥池中的污泥就会逐渐增多，使二沉池泥位上涨，停留时间过长，出现浮泥。另外，回流的污泥太浓稠会增加回流泵运行负荷。通常 R 值控制在 30% ～ 70%。

为了保证处理效率，要确保任意时刻曝气池内的微生物总量与污染物总量的比值是基本恒定的。

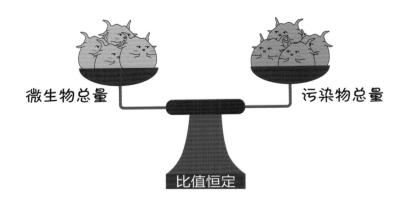

污泥浓度会随着进水悬浮物和微生物的繁殖逐渐增加，当混合液中的污泥浓度大于需要值时，则需要进行剩余污泥排放。

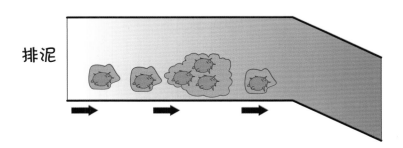

（3）如何调控污泥回流系统

决定污泥回流量的几个主要因素如下。

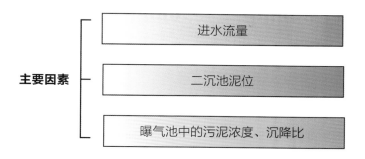

常见的污泥回流控制方案如下。

① 保持污泥回流量恒定。为了维持系统中污泥循环的连续运转，需要选择一个确定的污泥回流比例。如果进水流量比较稳定，那么污泥回流量就是一个恒定值。

② 保持污泥回流比恒定。如果进水流量波动幅度大，在无法保持恒定的污泥回流量时，可以选择保持固定污泥回流比。

③ 二沉池工况和污泥沉降性能对污泥回流控制的影响很大，需要根据系统情况，随时调整污泥回流量及污泥回流比 。

a. 按照二沉池的泥位调节污泥回流比

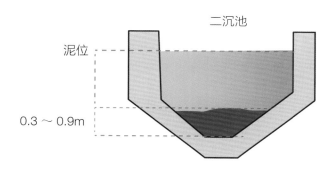

调节污泥回流量，使泥位稳定在选定的合理值，一般情况下，增大污泥回流量可降低泥位，减少泥层厚度；反之，降低污泥回流量可增大泥层厚度。

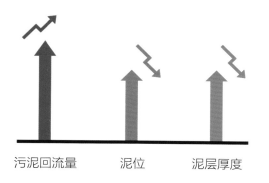

应注意调节幅度每次不要太大。

不超过 5%
回流比变化

不超过 10%
回流量变化

b. 按照污泥沉降比调节污泥回流比

污泥回流比与污泥沉降比之间存在如下关系。

$$R = \frac{SV_{30}}{1-SV_{30}}$$

举例：若污泥沉降比 SV_{30} 为 30%，代入公式，则污泥回流比 R 为 43%，但现污泥回流比为 50%，证明现污泥回流比偏高，二沉池泥位偏低，应将污泥回流比逐步调节至 43%。

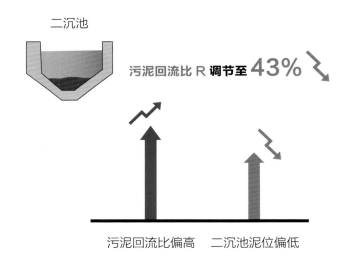

二沉池

污泥回流比 R 调节至 43%

污泥回流比偏高　　二沉池泥位偏低

c. 按照回流污泥及混合液的浓度调节污泥回流比

举例：若曝气池污泥浓度 MLSS 为 2000mg/L，回流污泥浓度 RSS 为 5000mg/L，现污泥回流比 R 为 50%，代入公式，则 R 等于 67%，即应将污泥回流比提升至 67% 以防止污泥从二沉池流失。

$$R = \frac{Q_r}{Q} = \frac{MLSS}{RSS-MLSS}$$

污泥回流比**提升至 67%** ↗

2. 污泥接种量计算

若生化系统发生污泥膨胀、中毒、营养不良，则会导致系统中的污泥量越来越少。为了快速恢复系统，需要进行污泥接种。

污泥接种时主要涉及两个问题：接种污泥源和接种污泥量。

（1）接种污泥源

一般会去相同或相近行业的废水站获取污泥，因为同行业废水污泥中的菌群结构经过长时间的运行驯化，更容易适应环境。

快速启动！

也可以到市政污水厂取用污泥，其中的菌群微生物接触新性质的废水，驯化培养周期会长一些，但最终也能培养出适合的活性污泥。

生化污泥 √

物化污泥 ×

（2）接种污泥要求

首先是污泥浓度，一般建议接种污泥浓度高于正常运行时的污泥浓度，主要是考虑到以下四个因素。

- 污泥负荷
- 池体结构
- 各单元停留时间
- 系统波动性不同

其次是根据行业分析，生化性好的废水，污泥接种量可以低一些；生化性差、含有抑制性物质的废水，污泥接种量要高一些。

不同行业废水（假设有效池容均为2000m³）		接种污泥浓度 /（g/L）	绝干污泥 /t	板框压滤后污泥 /t 含固率取 20%	污泥浓缩池污泥 /t 含固率取 5%
印染废水		5	10	50	200
染料中间体废水		10	20	100	400
市政废水	城镇生活污水	2～3	4～6	20～30	80～120
	工业园区企业尾水	5～6	10～12	50～60	200～240

四、泡沫的形成与分析
Formation and analysis of foam

扫码观看 动画视频　扫码观看 动画视频

1. 泡沫是怎样形成的

对泡沫的描述通常会使用色泽、蓬松度、黏稠度、泡沫的大小、泡沫从产生到破裂的时间等。泡沫的产生过程通常使用如下三个参数来描述。

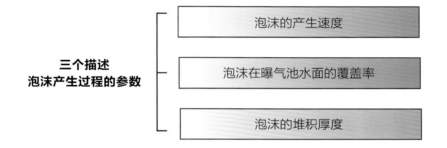

**三个描述
泡沫产生过程的参数**

泡沫的产生速度

泡沫在曝气池水面的覆盖率

泡沫的堆积厚度

在清水环境中，曝气和水跃会产生泡沫，但寿命很短，在新的泡沫出现时，旧泡沫就已经消失，所以不会产生堆积现象。

为了观察不同的物质状态对泡沫生成的影响，在试验中分别投加不同药剂并观察其去除水中含磷物质、胶体和悬浮物、溶解性有机物的效果。

①投加氢氧化钙去除水中含磷物质后，泡沫的厚度和覆盖率没有变化，排除了含磷物质形成泡沫的可能。

②投加活性炭吸附水中的溶解性有机物后，泡沫的产生量大大减少。

③投加 PAM 去除水中的悬浮物和胶体后，泡沫只是略有减少，但稳定度下降了。

由以上试验可知，水中大量的溶解性有机物是泡沫的成因，而悬浮物和胶体则是造成泡沫稳定堆积的因素。泡沫的形成和稳定有 3 个必要条件：气泡、表面活性物质（溶解性有机物）、疏水性颗粒（悬浮物和胶体）。

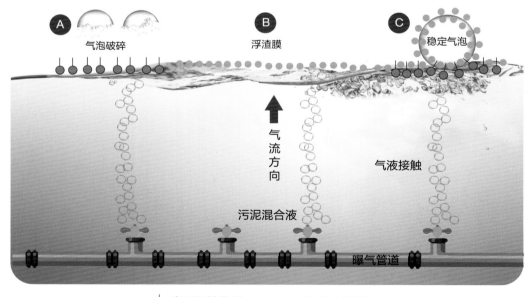

2. 常见泡沫的分类和成因

常见泡沫分类
- 初培泡沫
- 反硝化泡沫
- 表面活性剂泡沫
- 生物（丝状菌）泡沫
- 污泥老化泡沫
- 高负荷泡沫
- 进水毒性引起的泡沫

初培泡沫：污水厂初次启动时在进水过程中快速产生的泡沫。通常为白色，重量很轻，产生的原因是此时系统中的活性污泥数量较少，处于高负荷状态，且受到了曝气搅拌作用的影响。初培泡沫在活性污泥培育成熟之后便会消失。

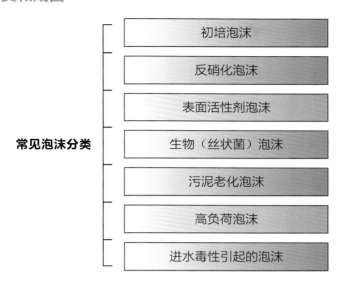

反硝化泡沫：产生于二沉池及生化池缺氧区。反硝化作用产生的含氮微气泡聚集在污泥絮体中会降低污泥的密度，使污泥浮升。通常不稳定，简单的物理扰动便可使其消失。

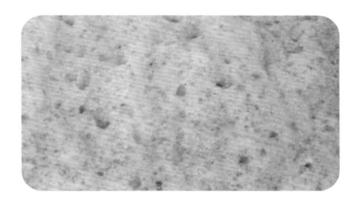

表面活性剂泡沫：人工合成的表面活性剂及活性污泥中的微生物合成造成的泡沫，很多细菌产生表面活性物质是为了乳化污水中的疏水营养物质，以便更好地利用它。

生物（丝状菌）泡沫：由活性污泥中生长失衡的微生物自发产生。在曝气池表面堆叠，呈棕色或灰褐色，非常黏稠，可以稳定长期存在且难以消除，其中富集了大量丝状微生物。

生物泡沫主要由诺卡氏型丝状细菌和微丝菌造成，微丝菌的细胞壁具有疏水性，对长链脂肪酸和油脂等疏水性物质有较强的亲和性，其丝状形态会像八爪鱼一样捕获气泡，降低泡沫的表面张力并维持其稳定。

污泥老化泡沫：活性污泥老化后解体，细小活性污泥颗粒黏附在产生的泡沫上，增加了泡沫的不易破裂性。一般是由于排泥不及时、进水长期处于低负荷状态或者曝气过度。泡沫厚度一般不厚。随着老化时间持续，这些死亡细菌会逐渐在曝气池表面形成一层浮渣。

高负荷泡沫：高负荷下，微生物的分解代谢与合成代谢不匹配，大量底物被转化为可溶性胞外聚合物，这些胶体状的物质会使泡沫变得稳定并开始堆积。

进水毒性引起的泡沫：如果系统中存在有毒物质抑制了微生物的代谢活性，使能量的传递无法完整进行或者转化效率降低，也会产生和高负荷下同样的泡沫。例如，含酚高的废水会由于毒性的刺激在曝气池中产生很多泡沫。这与人喝醉之后，身体会发生排异反应，出现呕吐现象类似。

在泡沫的产生过程中，曝气产生气泡是第一推动力，然后由溶解性有机物降低表面张力，最后悬浮物和胶体稳定了泡沫。曝气一直持续，新泡沫就会源源不断地产生，所以就会出现物理堆积。堆积的泡沫逐渐覆盖整个池面，然后像盖房子一样，层层堆积上涨。

基于这个机理，我们可以根据泡沫的指示作用及进水水质来综合判断起主导作用的因素是负荷、有毒物质还是污泥老化等。也可以判断混合液中的悬浮物，特别是胶体物质的数量，它们的大量积累都是微生物代谢受阻的表现。

值得注意的是，高氨氮引起的泡沫不仅会对微生物产生刺激，还会在氧化过多氨氮时造成溶解氧的损耗。如果系统溶解氧过低，微生物代谢活性下降，就相当于增加了系统的污泥负荷。

关于消泡剂，它除了改变气泡的表面张力，缩短泡沫的个体寿命，还会在水面铺开，短时间内形成一层液膜覆盖在混合液表面，取代原本由表面活性剂占据的气液界面。

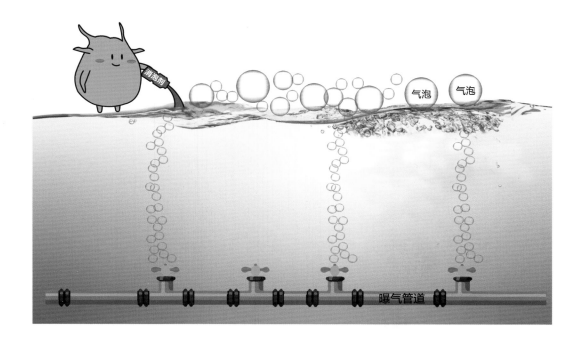

主要参考文献

[1] 包常华 . 污水生物处理过程中胞外聚合物的生成与控制 [D]. 济南 : 山东建筑大学 , 2007.

[2] 胡勇有 . 微生物絮凝剂 [M]. 北京 : 化学工业出版社 , 2007.

[3] 高杨 . 基于数值计算的曝气池运行工况研究 [D]. 哈尔滨 : 哈尔滨工业大学 , 2012.

[4] 高廷耀 , 顾国维 , 周琪 . 水污染控制工程 [M]. 北京 : 高等教育出版社 , 2015.

[5] 王惠丰 , 王怀宇 . 污水处理厂的运行与管理 [M]. 北京 : 科学出版社 , 2010.

[6] 鲁宁 , 周健 , 何强 . 高浓度粪便污水处理厂泡沫成因及控制措施研究 [J]. 中国给水排水 , 2007(13): 45-48.

[7] 徐华 . 多组分有机污染物同时生物降解过程中的电子流分布 [D]. 上海 : 上海师范大学 , 2018.

[8] 邓秀琼 . 焦化废水氮杂环化合物降解功能菌的分离、降解特性与代谢途径研究 [D]. 广州 : 华南理工大学 , 2012.

[9] 杨帆 . 进水氮磷含量及碳源种类对 SBR 活性污泥性能的影响研究 [D]. 重庆 : 重庆大学 , 2021.

菌主笔记 ③

林彦徐　胡金龙　刘君　编著

厌氧生物处理篇

MicroJun

中国环境出版集团·北京

图书在版编目（CIP）数据

菌主笔记. 3，厌氧生物处理篇 / 林彦徐，胡金龙，
刘君编著. -- 北京：中国环境出版集团，2024.5
　ISBN 978-7-5111-5867-3

　Ⅰ. ①菌… Ⅱ. ①林… ②胡… ③刘… Ⅲ. ①污水处
理－厌氧处理－普及读物 Ⅳ. ①X703-49

中国国家版本馆CIP数据核字(2024)第101883号

出 版 人　武德凯
责任编辑　梅　霞
装帧设计　宋　瑞

出版发行　中国环境出版集团
　　　　　（100062　北京市东城区广渠门内大街 16 号）
　　　　　网　　　址：http://www.cesp.com.cn
　　　　　电子邮箱：bjgl@cesp.com.cn
　　　　　联系电话：010-67112765（编辑管理部）
　　　　　　　　　　010-67147349（第四分社）
　　　　　发行热线：010-67125803，010-67113405（传真）
印　　刷　玖龙（天津）印刷有限公司
经　　销　各地新华书店
版　　次　2024 年 5 月第 1 版
印　　次　2024 年 5 月第 1 次印刷
开　　本　889×1194　1/16
印　　张　16.25
字　　数　380 千字
定　　价　199.00 元（全 6 册）

中国环境出版集团郑重承诺：
中国环境出版集团合作的印刷单位、材料单位均具有中国环境标志产品认证。

序　言

随着我国环境保护行业从增量市场向存量运营市场的转变，生化系统的稳定运行和控制成为环境保护行业的一大痛点，当前我国环境污染治理依然任重道远。

为实现发展生产力这一目标，我们必须加快人才培养速度。"小菌主"创作团队就是因这一初心而创建的。8年来我们一直致力于利用微生物进行污水处理，在日复一日的工作实践中，我们积累了许多实战经验，也对污水处理行业的现状产生了一些思考。随着自媒体兴起，我们就想或许可以借助自媒体平台做一些有价值的输出，一来可以与同行交流经验；二来可以帮助一些新入行或者将要入行的朋友更快地了解微生物污水处理。

污水处理看似简单，实则涵盖了多学科知识，不仅涉及多样化的设备使用、复杂的药剂使用、严格的工艺流程等，还涉及微生物学、化学、药剂学、工程学等诸多学科，值得科普的内容实在太多了。随着我们制作的视频数量越来越多，后台粉丝朋友留言催更的声音也越来越大。再后来，越来越多的粉丝朋友在后台留言，希望我们把视频内容整理成书，以便大家在工作实践中参考，《菌主笔记》便由此而来。为了让叙述生动形象，我们还设计了一整套"小菌宝"形象，它们在书中分别代表各类微生物、污染物质和"小菌主"（作者）。

《菌主笔记》目前一共有6册，分别是工艺演化篇、碳转化路径篇、厌氧生物处理篇、硝化与反硝化作用篇（上）、硝化与反硝化作用篇（下）和微生物镜检篇。本册是厌氧生物处理篇，主要从机理、工艺形式、参数控制等方面分析了厌氧生物对有机物去除所作的贡献。

　　最后，感谢《菌主笔记》的所有创作人员（主要编写人员：林彦徐、胡金龙、刘君；其他编写人员：王宁波、叶振琴、金宇晨、汤燕红、徐颖）和重庆百鸥环保科技有限公司总经理田强对本册内容给予的宝贵修正建议。同时，由于作者水平有限，书中难免存在不当之处，恳请大家批评指正，我们一定听取建议，完善修正。

小菌主环境科技（武汉）有限公司《菌主笔记》创作团队

2024 年 3 月 31 日

CONTENTS

目　录

一、厌氧生物处理综述

Review of anaerobic biochemical treatment

1. 厌氧微生物简介

产甲烷菌繁盛于 34 亿年前，它们制造了当时大气中的主要成分——甲烷。在 24 亿年前发生过一次"大氧化事件"，蓝藻等产氧光合微生物的出现，改变了原始大气的成分，使空气中的氧气含量逐渐上升。

氧气的出现带来了一种环境胁迫，这种电子受体的单一性演化趋向，降低了好氧微生物的生物多样性。相较于好氧微生物，厌氧微生物虽然氧化能力较弱，但是其种类、数量众多且包容性强，因此能降解更复杂的有机物。

厌氧微生物们的胞外酶像一把把锋利的小刀，把复杂的有机物一点一点拆开，将元素之间的化学键打断，然后吸取其中的能量为自己所用。

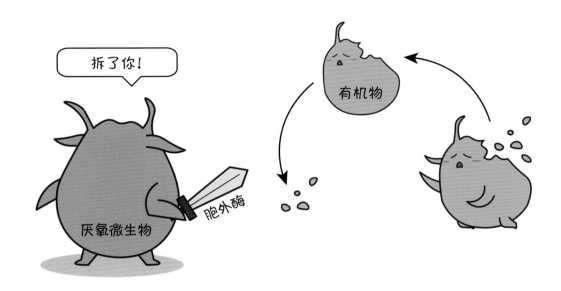

厌氧工艺的发展得益于厌氧微生物丰富的代谢类型：

①它们能裂解苯环并从中获得能量和碳源。

②它们能以氰化物为碳源。

③它们能够降解长链脂肪酸。

④它们不需要持续向系统内补充和输送外源电子受体（O_2），减少了风机供氧带来的能源消耗。

2. 厌氧生物处理基本原理

厌氧生物处理是指在无分子氧存在的条件下，通过厌氧微生物（包括兼性微生物）的作用，将废水中各种复杂有机物分解转化成甲烷、二氧化碳等物质。

扫码观看 动画视频

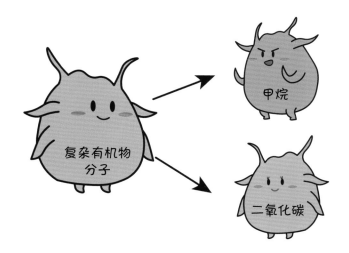

厌氧消化过程大体分为四个阶段：水解、发酵产酸、产氢产乙酸、产甲烷。

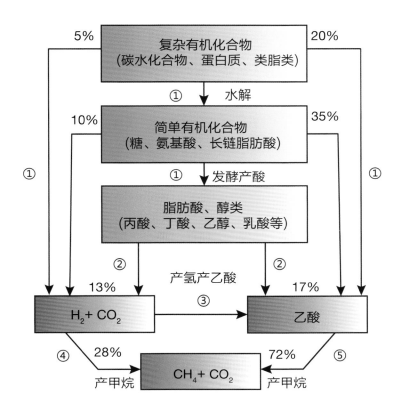

①发酵性细菌；②产氢产乙酸细菌；③同型产乙酸菌；
④嗜氢型产甲烷菌；⑤嗜乙酸型产甲烷菌

（1）阶段一：水解

　　污水中的复杂有机化合物，首先要经历水解过程转化成可溶的简单底物，才可以被微生物利用。水解过程通常在胞外进行，复杂有机质中的碳水化合物、蛋白质和脂类，会在一些具有水解功能的厌氧菌群分泌的胞外水解酶类的催化下分解为单糖、氨基酸和长链脂肪酸。对于难降解的有机底物，水解阶段往往会成为厌氧消化的限速步骤。

（2）阶段二：发酵产酸

　　发酵产酸通常是厌氧消化过程中速率最快的步骤，而且产酸发酵细菌的种类也十分丰富。在发酵产酸阶段，可溶性的单糖、氨基酸和长链脂肪酸等简单有机质会被产酸发酵细菌吸收至胞内，经过发酵过程后生成短链脂肪（如甲酸、乙酸、丙酸、丁酸、戊酸和乳酸等）、醇类、氢气、二氧化碳等，同时生成新的细胞物质。

　　主要参与菌种如下。

（3）阶段三：产氢产乙酸

在这一阶段，产氢产乙酸细菌会将发酵产酸阶段产生的两个碳以上的有机酸和醇类转化为乙酸和氢气，并生成细胞物质。由于产甲烷菌不能直接利用两个碳以上的有机物，因此这一过程是连接发酵产酸过程和产甲烷过程之间的纽带。

主要的产氢产乙酸菌种如下。

（4）阶段四：产甲烷

产甲烷过程是产甲烷菌以产酸阶段的产物为底物生成甲烷的过程。在厌氧反应器中，大概有70%的甲烷来自乙酸的氧化分解，另外30%来自氢和二氧化碳的合成。产甲烷菌还有甲基型、氧甲基型和烷基型，但占比过小一般不做考虑。

产甲烷菌一般可分为如下两类。

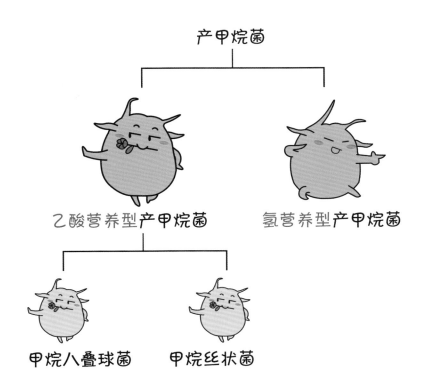

虽然厌氧消化过程可被简单分为以上四个阶段，但是在厌氧反应器中，四个阶段是同时进行并保持着某种程度的动态平衡。

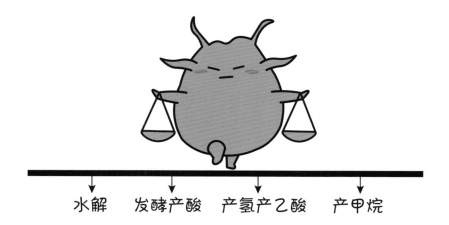

3. 厌氧生物处理技术介绍

厌氧生物处理技术是处理有机污染物和废水的有效手段，但由于人们对参与这一过程的微生物的研究和认识不足，导致该技术在过去 100 年里发展缓慢。其原因主要有两点：①厌氧生物处理技术是一种多菌群、多层次的厌氧发酵过程，涉及的种群多、关系复杂。②有些种群之间存在互营共生的关系，分离鉴定的难度也很大。但是，随着科学技术的发展和分离鉴定技术水平的提高，原来限制该技术发展的瓶颈已被打破，它的优越性逐步凸显出来。其发展过程主要经历了以下三个阶段。

（1）第一阶段（1860—1899 年）

第一阶段是把简单的沉淀与厌氧发酵池结合的初期发展阶段。在这个阶段，污水沉淀和污泥发酵集中在一个腐化池（俗称化粪池）中进行。

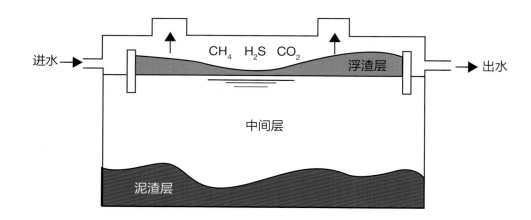

（2）第二阶段（1899—1906 年）

第二阶段是污水沉淀与厌氧发酵分层进行的发展阶段。人们用横向隔板把污水沉淀和污泥发酵两种处理分隔在上下两室分别进行，由此形成了所谓的双层沉淀池。虽然当时的污染指标仍以悬浮固体为主，但生物气的能源功能已被人们认识并开始开发利用。

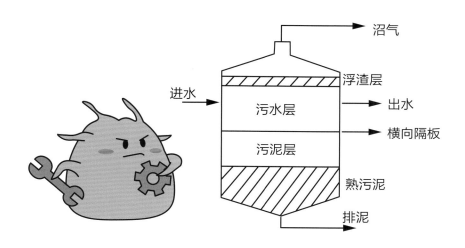

（3）第三阶段（1906—2001 年）

第三阶段也称为独立式营建的高级发展阶段。沉淀池中的厌氧发酵室被分离出来，建成独立工作的厌氧消化反应器。在此阶段开发的主要处理设施有普通厌氧消化池、升流式厌氧污泥床反应器（UASB）、厌氧接触工艺、两相厌氧消化工艺、厌氧生物滤池（AF）和厌氧流化床（AFB）等；而且此阶段将有机废水和污泥的处理与生物气的利用结合了起来，也就是把环境保护和能源开发结合了起来。在这个阶段，处理除了以 VSS 的降低为目标，还着眼于 BOD 和 COD 的降低，以及某些有机毒物的降解。

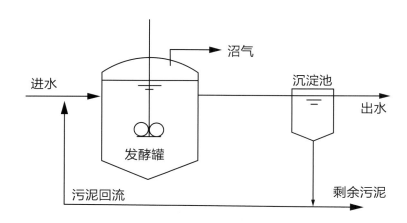

厌氧工艺的特点

工艺	分类
水解酸化池	厌氧活性污泥法
A^2O 中的 A_1 池 以除磷为目的（并非真正意义上的厌氧工艺）	厌氧活性污泥法
UASB、IC、EGSB、ABR	厌氧活性污泥法
厌氧生物转盘	厌氧生物膜法

厌氧工艺的优势

序号	优势	备注
1	能耗低、占地面积小	好氧需要曝气而厌氧主要依靠自身的氧化还原反应
2	可产生大量生物能（甲烷）	1kg COD 约产生 $0.4 \sim 0.5m^3$ 的沼气（甲烷量占 70%）
3	能应对高 COD 进水（容积负荷高）	容积负荷可达 $10 \sim 25kg\,COD/m^3 \cdot d$，是好氧处理工艺容积负荷的 10 倍以上
4	可减少剩余污泥处置费用	好氧污泥产率 $\approx 0.45kg\,VSS/kg\,COD$ 厌氧污泥产率 $\approx 0.03kg\,VSS/kg\,COD$ 产泥约为好氧的 1/10，颗粒污泥可出售
5	工艺稳定、运行简单	节假日停产时，不需要特别维护，再启动快

厌氧工艺的劣势

序号	劣势	备注
1	厌氧生物处理启动时间较长	厌氧微生物的世代周期长，增长速率较低，污泥增长缓慢；厌氧反应器的启动时间通常需要几个月，甚至更长
2	COD 去除不彻底，无硝化作用	某些情况下出水水质不能满足排放要求，需要与好氧工艺结合才能达标；对总氮、氨氮、总磷无明显去除率
3	有硫化氢等恶臭气体	沼气需要进行脱硫处理后才能被利用
4	对温度和碱度要求高	废水浓度低或碳水化合物废水碱度不足； 废水浓度低产生的甲烷的热量不足以使水温加热到中温厌氧生物处理最佳温度

二、常见厌氧反应器
Common anaerobic reactor

扫码观看 动画视频

1. 升流式厌氧污泥床反应器（UASB）

（1）基本原理

　　废水通过布水装置依次进入底部的污泥床和中上部的污泥悬浮区，与其中的厌氧微生物进行反应生成沼气。气、液、固混合液通过上部三相分离器进行分离，污泥回落到污泥悬浮区，分离后废水排出系统，同时回收产生的沼气。

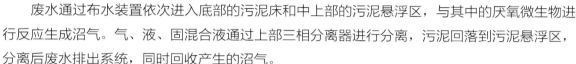

UASB 工艺原理图

（2）三相分离器

　　三相分离器的主要功能是收集在反应室中产生的沼气，使分离器之上的悬浮物沉淀下来。其常见结构如下。

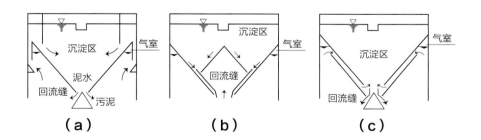

（3）配水方式

①穿孔管式

　　每根横管上开多个孔，由于水流流经路线不同，所以沿程水头损失不同，为布水均匀，要求水流流速较高。缺点是易堵塞，要尽量避免一根管上开过多孔。

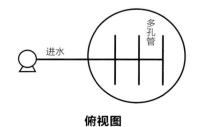

俯视图

②脉冲式布水

脉冲布水器是利用虹吸管中快速流动的水流将主管道中的空气带走，使主管道内形成一定的真空度，在内外大气压的作用下，使进入主管道的水被排出。由于水流速度很快，该类布水能在短时间内完成，使污泥与污水不断充分混合。

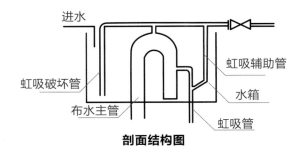

剖面结构图

③旋流式布水

通过构建一个封闭腔体进行均压处理，出水口 A 在圆锥形腔体的轴线上，以保证封闭腔体内水压力的均匀性。布水头在圆锥形结构的底部周向均布，受扰动性小，均匀性更好，且容易清洗。

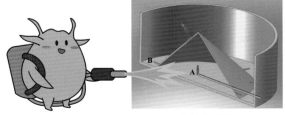

立体结构图

④点对点布水

点对点布水装置由配水器、进水干管、布水软管和布水帽组成。配水器位于反应器的顶部，主要起均匀分配进水的作用。配水器进水有 2 种方式，一种是进水干管连接配水器顶部进水（下右图）；另一种是进水干管连接配水器底部进水（下左图）。

"布水软管"为软性材质，连接配水器和布水帽，贯穿反应器内部，将配水器分配好的水输送到反应器底部的布水帽。

布水帽位于反应器底部，为锥形结构，既能防止污泥堵塞，又提高了补水的均匀性。布水帽底部的出水，可以将反应器的污泥冲起来，使其分散充斥在反应器内，从而使泥水传质均匀，反应器效率提高。

 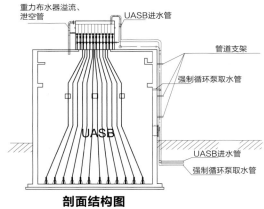

剖面结构图

注：以上描述了三相分离器常见的 4 种布水方式，UASB、IC 和 EGSB 等反应器可根据设备特点选择布水方式。

2. 内循环厌氧反应器（IC）

（1）基本原理

废水先进入第一反应室，然后大量有机物在第一反应室内被降解，产生沼气。第二反应室叫作精处理区，也叫作深度净化区，可进一步处理第一反应室内未处理完全的有机物，也会继续产生沼气。

沼气上升至两个反应室顶部的集气罩，并沿汽提上升管上升至顶部的气液分离器。

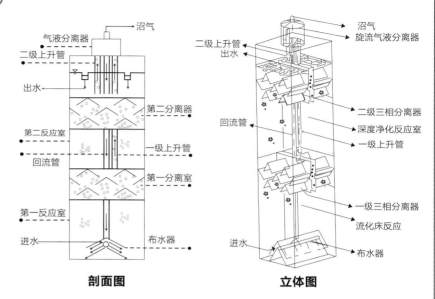

剖面图　　**立体图**

沼气在上升过程中会带走一部分液体和颗粒污泥，然后沼气会通过气液分离器的排气管排出，泥水混合物会通过回流管回到第一反应室底部，并与底部的颗粒污泥和污水混合，从而完成污泥和废水的内部自循环。

（2）IC 的主要特点

特点	备注
高污泥浓度、高运行负荷	IC 反应器分上下两室，下部分为高负荷区，强化传质过程，上部分为低负荷区，有利于污泥滞留，保持了污泥的高浓度； 在高浓度有机负荷处理方式下，最高处理容积可到 20 ～ 25kg COD/（m³·d）
无外加动力的内循环系统	大量沼气上升带动的高气液流速驱动着混合液内循环，系统中回流量能达到进水量的十几倍，甚至几十倍； 较高的内回流量可有效稀释进水浓度，可耐受更高的负荷和毒性物质冲击，但会受产气效果的影响
内部结构要求严格	进水布水的均匀性对悬浮污泥层能否均匀混合起着非常关键的作用，三相分离器的气液固分离效果对厌氧微生物的富集起着重要作用，因此对布水方式、三相分离器的结构和质量要求很高

3. 厌氧颗粒污泥膨胀床反应器（EGSB）

（1）基本原理

EGSB 主要由布水装置、三相分离器、出水收集装置、循环装置、排泥装置及气液分离装置组成。EGSB 通过大流量外循环获得更高的上升流速，所以整个颗粒污泥床是膨胀的。当去除率相同时，采用 EGSB 的有机负荷率是采用传统 UASB 有机负荷率的 3~6 倍。EGSB 处理高浓度脂类废水的效率也比 UASB 要高。一般来说，要使 EGSB 发挥优势需要有比其他反应器更复杂的构造。

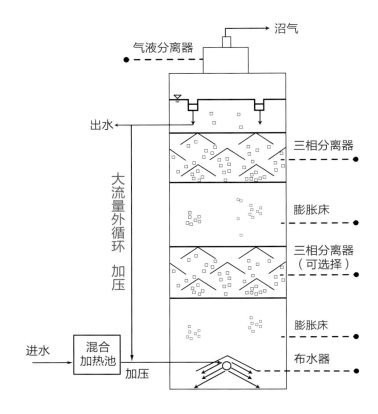

EGSB 工艺原理图

（2）EGSB 的主要特点

特点	备注
耐冲击负荷强	大流量回流可有效稀释进水负荷和毒性物质浓度，具有一定的抗冲击能力，且不受产气效果影响
对三相分离器要求严格	对布水系统要求较松，对三相分离器要求较严。高水力负荷要求反应器搅拌强度很大，强化了传质，但同时会带来污泥流失的问题，所以三相分离器的设计很关键
污泥床呈膨胀状态	颗粒污泥性能良好，凝聚和沉降性能好（60 ～ 80m/h），机械强度也较高（$3.2 \times 10^4 N/m^2$）
采用出水回流技术	采用出水回流技术，在处理低温、低负荷有机废水时，回流可增加负荷，保证处理效果，对超高浓度和含有毒物质的污水，回流也起稀释作用

4. 厌氧折流板反应器（ABR）

（1）基本原理

运行时，污水在折流板的作用下逐个通过反应室内的污泥床，使水中的底物与微生物充分接触从而降解去除，在 ABR 中各个反应室中的微生物相是随流程逐级递变的，规律与底物降解过程协调一致，保证了相应微生物具有最佳的工作活性。

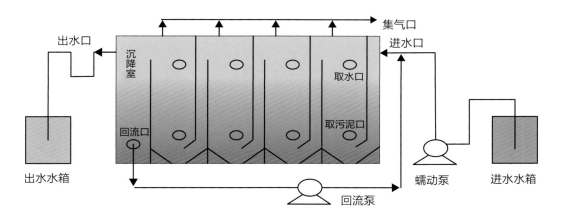

ABR 工艺原理图

（2）ABR 的主要特点

特点	备注
运行稳定，操作灵活	特殊的挡板构造可缓解堵塞和污泥床膨胀，可根据进水改变挡板间距来调节 HRT，甚至还可以进行间歇操作来满足水质需求
对进水有毒物质适应性强	由于挡板的分隔作用，有毒物质的影响基本集中在前部，对后部的危害较小
良好的生物分布	挡板构造形成隔室，避免不同种群间生物态过多重复，确保相应微生物具有最佳工作活性。在前端的隔室，主要以水解和产酸菌为主，而在较后的隔室则以产甲烷菌为主
稳定的生物固体截留能力	反应器内折流板的阻挡作用及折流板间距的合理设置，有利于活性污泥和废水间的混合接触，也能在高负荷条件下有效截留活性微生物体

5. 升流式厌氧污泥床——滤层反应器（UBF）

（1）基本原理

　　废水进入反应器与底部污泥床混合，大部分有机物在这里被去除，接着进入填料区，厌氧菌在填料上附着生长形成生物膜，有机物被生物膜吸附分解，进一步降低有机物浓度。

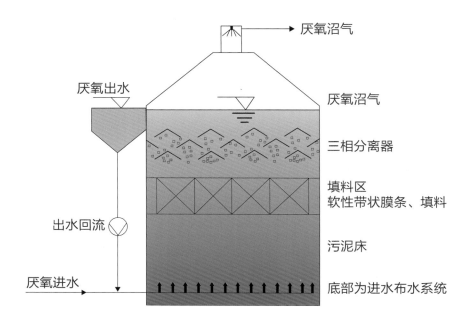

UBF 工艺原理图

（2）UBF 的主要特点

特点	备注
启动较快	反应器启动初期具有较大的污泥截留能力，可减少污泥的流失，缩短启动期
生物量高	反应器上下两部分均保持着很高的生物量，从而提高了反应器的处理能力和抗冲击负荷能力
受悬浮物影响较大	适合处理含溶解性有机物的废水，不适合处理含悬浮物（SS）较多的有机废水，否则填料层容易堵塞

三、厌氧反应器启动调试技巧

Anaerobic reactor start-up debugging skills

1. 厌氧反应器启动调试前准备

（1）罐体密封性检验

水位达到最大水位的1/4	→	水位达到最大水位的1/2	→	水位达到最大水位的3/4	→	充满水至最高水位

充水过程中应逐条焊缝进行检查，充水到最高液位，保压 48h，如无异常变形和渗漏为合格。试验中罐壁若有渗漏，将水位降至渗漏处 300mm 以下修复。

充水实验必须始终在监视下进行，并与土建部门密切配合，做好基础沉降观测。

（2）罐壁的严密及强度试验

注水之前应在罐底部基础上设置至少 12 个基础沉降观测点进行基础沉降情况的观测及记录。当观测到数值较大的基础沉降时，应停止灌水，同时联系基础设计部门和施工部门进行处理。

（3）启动调试材料

主要是启动接种污泥及其所需营养成分（如碳源、氮源、磷源和厌氧微生物促生剂微量元素等）。

若原水营养比较充分，可用原水直接启动。

2. 污泥接种注意事项

颗粒污泥须从罐底的排空阀加入反应器，建议采用螺杆泵向反应器投加，不能采用离心泵，因为离心泵的叶轮会破坏污泥颗粒。

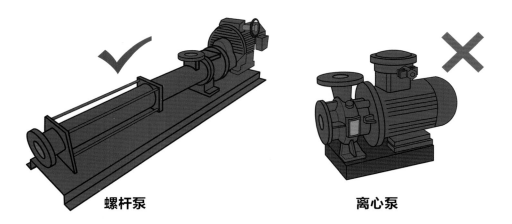

螺杆泵　　　　　　　　**离心泵**

3. 厌氧反应器启动调试过程

反应器启动所需时间取决于负荷、合成产率、初始接种污泥和生物体捕集效率。由于合成量较低的厌氧系统中，生物体累积速率比好氧系统慢得多，因此厌氧工艺在达到设计生物体总量之前需要一个较长的启动过程。

反应器启动时间的影响因素

- 目标负荷率或目标生物体浓度
- 反应器中保持初始接种生物体的百分数
- 生物捕集效率
- 基质合成生物的产率

启动时间与目标负荷率有关。负荷率低［1～5kg/（m³·d）］的反应器需要的生物体浓度较低，启动时间也较短；而负荷率较高［5～25kg/（m³·d）］的反应器需要的生物体浓度按比例提高，启动时间也较长。

厌氧反应器的启动过程可简单分为接种驯化阶段、负荷提升阶段和稳定运行阶段。

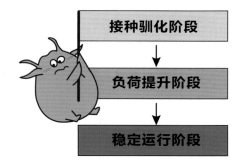

（1）接种驯化阶段

较高接种微生物数量和质量有利于系统尽早达到稳定状态。接种污泥量的多少关系到进水负荷，在确保毒性和可生化性可接受的前提下，对进水 COD 浓度并没有严格要求。建议控制进水 COD 浓度低于 5000mg/L，污泥负荷在 0.05 ～ 0.1kg COD/kg VSS·d。尽量采用连续进水，控制好各项工艺参数条件（如进水 pH 和水温、反应器内 pH 和水温、上升流速等）。

（2）负荷提升阶段

污泥经过第一阶段的驯化，开始对废水产生一定的适应性，本阶段需要提升污泥负荷，方式主要是提升进水浓度和水量。实际运行中挥发性脂肪酸（VFA）能稳定小于 300mg/L 就可以增加负荷，按照每次提高 COD 总量的 10% ～ 20% 的方式来提高负荷，直至达到设计值。

适应新的生活。

这一阶段需要注意 VFA 的动态，观察污泥性状。在负荷不变的情况下，当出水 VFA 升高，有污泥大量流失时，应注意调整运行参数。一般当 VFA 超过 600mg/L 时，pH 就会大幅下降（如果系统内碱度较高，就可以保持较高的 VFA），此时应降低负荷甚至停水，若 VFA 仍然居高不下，需要在调整 pH 的同时进行回流稀释或清水稀释。

（3）稳定运行阶段

在经历了第一、第二阶段后，系统已经形成了稳定去除的条件，继续观察反应器 2 周左右，其间，若反应器在设计负荷条件下没有出现大的波动，就可以认为反应器达到了稳定状态。

4. 厌氧反应器启动要点

启动一定要逐步进行，欲速则不达。启动中细菌选择、驯化、增殖过程都在进行，因此初期负荷一般不能过高，时间不能短，每次进原水不能过多，间隔时间要稍长。

启动时进水负荷与污泥接种量的关系较为密切，判断是否继续提升负荷，VFA 指标浓度监测非常重要。VFA 可有效反映反应器运行状况，在正常情况下，当 VFA ＜ 300mg/L 时，增加负荷；当 VFA 在 300mg/L 左右时，维持负荷；当 VFA ＞ 300mg/L 时，应当引起注意，判断是否需要减少负荷，同时增加 VFA 检测次数。

厌氧调试运行过程中会有跑泥现象，且多为絮状污泥，这是反应器中厌氧微生物的选择过程。这一过程将过分细小或活性不足的污泥淘汰，属于正常现象。

废水与污泥要在反应器内充分混合接触，才能起到良好的处理效果。进水前打开最低的检修孔，看看布水管路是否达到要求，用肉眼观察每个布水管流量是否相等，如果是旋流布水，也要看是否达到要求。在运行期间，若有堵塞的布水管应当及时疏通，确保布水均匀，避免存在短流。

若来水含有较高的毒性物质，如氨氮、硫酸盐、二氯乙烷等厌氧微生物的抑制物质，需将其稀释至允许浓度以下。

5. 厌氧反应器运行条件及注意事项

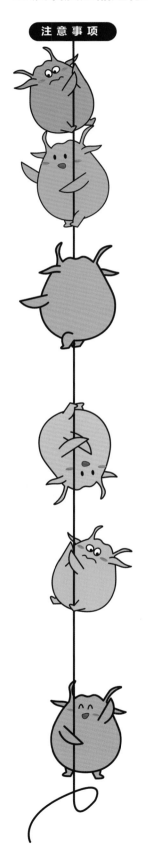

注意事项

① IC 的最佳运行温度是 38℃ ±1；$T < 30℃$ 时，效率会显著下降；$T > 40℃$ 时，效率也会显著下降；$T > 45℃$ 时，会对厌氧微生物产生不可逆的伤害，系统处理效率急剧下降，系统恢复时间较长。

② 每天观测产气量，产气量是 IC 运行状况最直观有效的体现，当产气量降低时应引起高度重视，立刻查明原因并解决。

③ 当发现 VFA 不断升高或 VFA > 600mg/L，COD 去除率明显下降时，应当引起高度注意！视严重程度，可采取较大幅度降低进水负荷、对二沉池出水进行稀释，甚至停止进水、投加 $NaHCO_3$ 等应急措施。查明原因、排除问题后方可恢复进水。恢复进水时要从小水量开始，逐步提升，并注意观察 3 ~ 8m 处的 VFA 变化。

④ 碱度是指示厌氧反应器缓冲能力的指标，当碱度不足时，反应器的耐冲击能力会变得很差，稍有不慎就有可能导致酸罐。所以经常检测碱度是十分有必要的。建议控制出水 VFA/ALK（碱度）< 0.3，以防止挥发性脂肪酸积累情况下反应器的 pH 骤然下降。

⑤ IC 短时间停止进水（5 天以内）：间歇性循环，保证污泥不在底部过分堆积即可。正常检测反应器 5 ~ 8m 处的 VFA，恢复进水后，建议每天检测 3 ~ 5m 处的 VFA 和 pH。如果资金充足，可投加碳源，以保证厌氧反应器负荷为停水前的 60% ~ 80%。若 IC 长时间停止进水，须停止所有设备。恢复进水后再参照启动阶段的步骤进行启动调试。

⑥ IC 须控制进水 SS 的浓度 < 300mg/L。过高的 SS 会降低厌氧污泥的有机 VSS 占比，进而影响反应器去除效率。当反应器中含有大量絮状污泥和 SS 时，较小的颗粒污泥常与它们混杂在一起，当产气负荷和水力负荷引起絮状污泥或 SS 流失时，较小的颗粒污泥易随它们一同流失。

四、厌氧生物处理影响因素（上）

Influencing factors of anaerobic biological treatment

1. 温度

　　像所有的化学反应和生物化学反应一样，厌氧生物降解过程受温度和温度波动的影响。温度影响代谢速率、电离平衡（如氮）、基质及脂肪的溶解性，甚至还影响铁的生物有效性。温度通过影响微生物，进而对工艺、污泥的产生量和有机物的去除速率产生影响。

　　对常见厌氧菌从温度上进行划分，结果如下。

厌氧菌分类	适宜温度区间
低温厌氧菌	5～20℃
中温厌氧菌	20～42℃
高温厌氧菌	42～75℃

　　中温厌氧发酵在20～42℃进行，其有机物处理量在30℃之前，随着温度的升高而缓慢升高。在30℃之后则迅速增加，温度每升高10℃，厌氧反应速率约增加1倍。

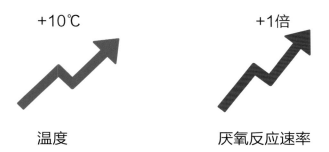

+10℃　　　　　+1倍

温度　　　　　厌氧反应速率

　　高温厌氧发酵在38～60℃进行，其有机物处理量达到最高值时的温度约在50～55℃，但当温度超过55℃之后，其有机物处理量也会迅速下降。

45℃左右对于厌氧发酵工艺来说是一个很特殊的反应温度，因此厌氧处理适宜在中温（38℃左右）或高温（55℃左右）下运行。然而也有生产装置在45℃左右下成功运行数年的例子。实践中应对厌氧反应器内温度的变化速率给予特别的重视。

对菌种而言，产甲烷菌比产酸菌对温度更加敏感，所以在低温时反应器更容易酸化。

当温度高出细菌生长温度的上限，将导致细菌死亡，如果温度过高或持续时间足够长，即使温度恢复后，细菌的细胞的活性也不能恢复。但当温度下降并低于生长温度的下限时，总体上讲，细菌不会死亡，只是逐渐停止或减弱其代谢活动，处于休眠状态，其生命力可维持相当长的时间。当温度上升至原来的生长温度时，细胞活性又能很快恢复过来。

对产泥率而言，高温消化比中温消化产泥率更低，约为中温的50%。水温越高，污泥自氧化程度越高。

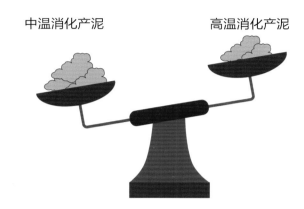

中温消化产泥　　　　　高温消化产泥

还有研究表明，厌氧消化对温度的敏感程度会随负荷的增加而增加。因此，当反应器在较高负荷下运行时，应特别注意控制温度；而在较低负荷下运行时，温度对运行效果的影响有时并不是十分严重。

2. pH

厌氧处理中的pH范围是指反应器内反应区的pH，而不是进液的pH，因为废水进入反应器内，生物化学过程和稀释作用可以迅速改变进液的pH。

厌氧微生物对pH都有一个适应区域，超过其适宜生长的区域，大多数微生物都不能生长，它们对pH的波动都十分敏感。即使在其适宜生长的pH区域内，pH的骤变也会对细菌的生长产生影响，使其代谢活动明显下降。

（1）产甲烷菌和产酸菌的适宜pH区间

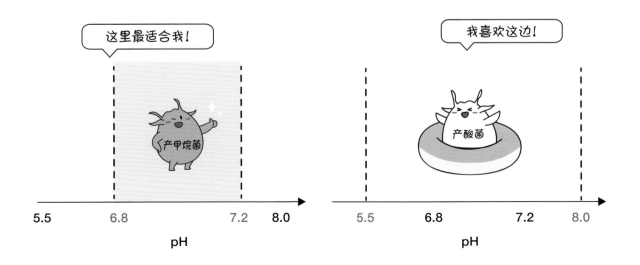

（2）pH 和其他参数的关系

+1个大气压　　　−0.3　　　　　　+1倍　　　+0.3

反应器深度　　　　pH　　　　　　碱度　　　　pH

影响 pH 的最主要因素是酸的形成。因此含有大量溶解性碳水化合物，如糖、淀粉的废水进入反应器后，pH 将迅速降低。而已经酸化的废水进入反应器后，pH 将上升。对于含大量蛋白质或氨基酸的废水，由于氨的形成，pH 会略有上升。

一般情况下，厌氧反应器出水的 pH 与碱度较进水高，可以采用回流出水的方式增加进水碱度以稳定 pH，此法可以最大限度地减少 VFA 的增加对 pH 的影响。

出水回流

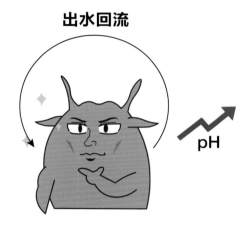

pH

碱度是描述水溶液中 H^+ 中和能力的指标，除了外加碱度，厌氧反应器中碱度的主要来源是部分有机物代谢。

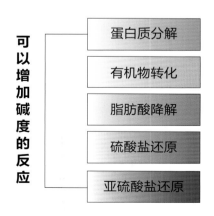

可以增加碱度的反应

| 蛋白质分解 |
| 有机物转化 |
| 脂肪酸降解 |
| 硫酸盐还原 |
| 亚硫酸盐还原 |

总碱度，测定终点 pH 为 4.0 ～ 4.2。

$$[T\text{-}Alk] = [HS^-] + [HCO_3^-] + 2[CO_3^-] + [NH_3] + [Ac^-]$$

重碳酸盐碱度，是总碱度减去相当于 VFA 量的碱度（VFA 以乙酸计），测定终点 pH 为 5.8。

$$[B\text{-}Alk] = [T\text{-}Alk] - 0.83 \times 0.85 \times [VFA]$$

（3）影响酸碱平衡的因素

①氨氮的电离平衡：部分有机物降解时会导致碱度上升，如甲胺的甲烷化、氨基酸和蛋白质的发酵，以及其他含氮有机物的降解。此外，游离氨、碳酸氢铵的存在均会导致反应器碱度升高。

②脂肪酸的产生与消耗：脂肪酸主要包括乙酸、丙酸、丁酸，在正常情况下，脂肪酸产生后转化为甲烷，碱度其实变化不大。但当脂肪酸积累过多时，如果有充足的碳酸氢盐碱度存在，它们会发生反应，待到所有碳酸氢盐碱度被 VFA 中和后，pH 才会剧烈降低。

脂肪酸积累过多会消耗碱度。

3. 氧化还原电位 ORP

氧化态、氧化剂的存在（如三价铁、硝态氮、硫酸根、磷酸根等）会使系统中的电位升高，对厌氧生物处理不利。pH 越高则氧化还原电位越低（pH 升高 1，氧化还原电位降低 60mV），反之则氧化还原电位越高。

pH　　　　　　　　　氧化还原电位

不同微生物的适宜电位如下。

产酸菌的适宜氧化还原电位	产甲烷菌的适宜氧化还原电位	培养产甲烷菌初期的氧化还原电位
-400～100mV	-350～-150mV	<-300mV

4. 进水成分

进水成分		备注
悬浮物、油脂		进水悬浮物和油脂过高会将污泥中的微生物包裹，导致有机物无法传递和反应器跑泥，从而降低出水 COD 去除率，应加强前端预处理，如采用常见的混凝沉淀或气浮
硫酸盐		废水中常含硫酸盐（可还原成硫化物），具有很强的生物毒性。当 pH 为 7 以下时，游离硫化氢（H_2S）浓度较大，在 pH 为 7～8 时，其浓度随着 pH 的升高而迅速下降
氨氮		氨氮的生物毒性主要是由游离氨引起的，游离氨会影响细胞膜的渗透性，进而抑制厌氧微生物。当 pH 为 7 时，游离氨占总氨氮的 1% 左右，但当 pH 上升到 8 时，游离氨的占比上升了 10 倍
天然有机抑制物		由生物体的代谢活动及其他生物化学过程产生的天然有机污染物；如黄曲霉素、氨基甲酸乙酯、麦角、黄樟素、丹宁等，还有一些物质（如铬氨酸），其本身无毒，但在淀粉工业废水中会被氧化为多巴，抑制产甲烷菌
人工合成有机抑制物	煤化工	硫化物、氰化物、硫氰化物、焦油、酚类、吡啶、萘等
	表面处理	氰化物、氟化物、重金属、六价铬、苯系物、甲醛等
	石油炼化	油、氰化物、砷、吡啶、芳香烃、酮类
	树脂合成	甲酚、甲醛、汞、苯乙烯、氯乙烯、苯、酯类
	造纸厂	纤维素、半纤维素、木质素等
	农药厂	苯、氯仿、氯苯、有机磷、砷、铅、氟
	制药厂	汞、铅、砷、苯、硝基物、抗生素等

产甲烷菌的主要抑制物质	作用原理	备注
溶解氧	产甲烷菌对溶解氧十分敏感，溶解氧会导致产甲烷菌的代谢酶失活，溶解氧产生的自由基直接对产甲烷菌造成损伤进而致死	严格控制溶解氧，用 ORP 值复核
其他电子受体（硝酸盐、硫酸盐）	进水中含有硝酸盐和硫酸盐成分会抑制产甲烷过程。亚硫酸盐和元素硫会抑制以氢为基质的产甲烷菌的活性	—
抗菌素	直接影响产甲烷菌的活性，对抗菌素的敏感性比一般微生物更强	注意制药废水的抗菌素浓度
过氧化氢	芬顿出水中过氧化氢含量过高，直接进入厌氧反应器对产甲烷菌产生抑制	芬顿出水直接进厌氧反应器时应注意（吹脱）

化学物质对厌氧微生物活性的抑制作用受多种因素的影响，如化学物质本身的种类与浓度、多种物质之间是否有拮抗作用、接种污泥的种类与浓度、污泥是否经过驯化，以及环境因素（温度、pH 和接触时间）等。

有研究表明，大部分化学物质在浓度很低时均对微生物活性有一定的促进作用，但当浓度升高到一定程度时又会开始产生抑制，且浓度越高，抑制作用越强烈。

厌氧生物处理中产甲烷菌的 IC_{50} 参考值

抑制物名称	IC_{50}	抑制物名称	IC_{50}
苯	1200	二氯甲烷	7.2
甲苯	580	1,1- 二氯乙烷	6.2
二甲苯	250	1,2- 二氯乙烷	25
乙苯	160	甲醇	22000
硝基苯	13	乙醇	43000
联苯胺	0.06	辛醇	370
苯酚	2100	丙烯腈	90
邻苯二酚	1400	丙酮	50000

注：IC_{50} 是指某个微生物代谢反应被抑制一半时抑制剂的浓度，单位为 mg/L。

5. 挥发性脂肪酸

挥发性脂肪酸（VFA）是厌氧消化过程中的重要中间产物，70% 的产甲烷菌以乙酸为底物，只有少部分的产甲烷菌以 H_2 和 CO_2 为底物。但 H_2 和 CO_2 的生成也经过了高分子有机物形成 VFA 的中间过程。

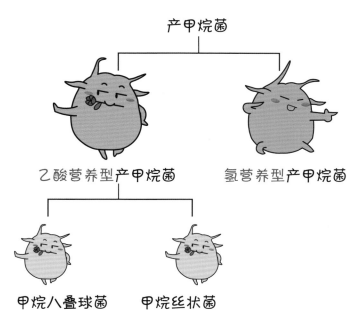

VFA 在厌氧反应器中的积累反映了产甲烷菌的不活跃状态或反应器操作条件的恶化。
VFA 的控制区间如下。

正常的VFA浓度
（50~300mg/L）

系统稳定，对产甲烷菌无抑制

偏高的VFA浓度
（300~1200mg/L）

产气开始受影响、对产甲烷菌
开始产生抑制

过高的VFA浓度
（大于1200mg/L）

产甲烷效率明显降低、出水pH
下降、对产甲烷菌抑制明显

五、厌氧生物处理影响因素（下）
Influencing factors of anaerobic biological treatment

1. 上升流速

上升流速也叫表面负荷，包括水力上升流速和沼气上升流速，是两者之和。

上升流速的计算方法：
$U = Q/A$，单位是m/h
Q ——进水流量，m³/h
A ——反应器横截面积，m²

上升流速过高或过低对厌氧生物处理的影响如下。

上升流速	备注
过高	会导致污泥流失，污染物降解不够充分，若流失过多，污泥浓度难以维持在较高水平，系统去除率会降低
过低	导致污泥流化不足，污泥大多处在反应器的底部，污染物的去除率会降低，严重时会影响颗粒污泥的稳定性

2. 停留时间

影响停留时间的因素如下。

影响因素	备注
污染物的浓度	在污泥量一定的情况下，进入反应器的污染物浓度越大，所需停留时间越长
水温（与微生物降解速率相关）	原则上高水温所需停留时间短于低水温
反应器内的污泥浓度	污泥浓度越高，所需停留时间越短。如果实践中出现停留时间不足导致的降解效率低下，可以采用提升污泥浓度的方式来提高去除率

常见厌氧反应器的停留时间如下，在处理难降解废水时停留时间要延长，处理易降解废水时停留时间可适当缩短。

反应器	停留时间
UASB	17h ～ 3.3d
IC	5h ～ 1d
EGSB	9h ～ 2d

3. 营养物质

厌氧反应器中微生物的生长繁殖需要营养，其中最重要的微生物是产甲烷菌，产甲烷菌需要的营养物质如下。

营养物质	备注
碳源	能应用的碳源种类有限：甲酸、甲醇、甲基胺类物质、乙酸、H_2、CO_2 等
氮源	所有产甲烷菌都可以利用氨氮，但是基本不能利用有机氮。生物活性最大时要求 NH_4^+ 浓度较高，约为 40 ～ 70mg/L
磷源	厌氧微生物对磷（PO_4^{3-}）的需求量是对氮的七分之一到五分之一
硫源	维持产甲烷菌的最佳生长和最佳甲烷比产率所需要的硫（S^{2-}）为 0.001 ～ 1.0mg/L，微量的硫含量（有资料给出的是 1 ～ 25mg/L）即可满足产甲烷菌的需求

在反应器启动时，可以将氮和磷维持在较高的浓度，以刺激细菌的增殖，加速获得足够的厌氧污泥；而在正常运行过程中，应将进水中的磷浓度控制在较低的水平，以减少细菌细胞的合成，降低剩余污泥的产量。

4. 微量元素

产甲烷菌所需的微量金属元素非常少，但微量金属元素的缺乏却能够导致微生物活性下降，进而影响整个厌氧反应器的运行效果和稳定性。

产甲烷菌对铁、钴、镍的需求量相对较大。某些工业废水（如玉米、土豆加工废水，造纸废水等）中这几种元素的含量较低，会在一定程度上影响产甲烷菌的正常生长，进而造成厌氧反应器病态运行（如污泥产量低，产甲烷菌活性较差等）。有研究发现，用颗粒污泥厌氧处理甲醇废水时，钴元素对产甲烷过程有极大的激活作用，钴的最佳投量为 0.05mg/L 左右。

人们在对啤酒废水的厌氧生物处理中发现，在停止向反应器中补加镍和钴这两种微量元素后，VFA 的浓度在 2 天之内从 3500mg/L 增加到了 6000mg/L，但逐渐恢复补充后，VFA 的浓度又逐渐下降了。

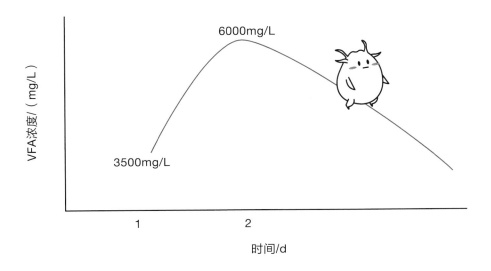

5.污泥负荷和容积负荷

污泥负荷（SLR）表示单位质量的厌氧污泥可去除多少千克的 COD，单位为 kgCOD/（VSS·d）[经验取值：颗粒污泥为 0.5kgCOD/（VSS·d），絮状污泥为 0.2kgCOD/（VSS·d）]。容积负荷（VLR）表示单位体积的反应器每天可去除多少千克的 COD，单位为 kgCOD/（m³·d）。

举例

反应器类型	35℃中温发酵，容积负荷取值参考 / [kgCOD/（m³·d）]	
	颗粒污泥	絮状污泥
UASB	5 ～ 10	2 ～ 5
EGSB	5 ～ 25	—
IC	8 ～ 30	—

注：容积负荷取决于来水的水质情况，医药化工设计在 3 ～ 5kgCOD/（m³·d），食品加工、造纸等可达 20 ～ 30kgCOD/（m³·d）。

容积负荷高低的影响

容积负荷	对有机物去除率的影响	对产气的影响
高	产酸速率有可能大于产甲烷的用酸速率，从而造成挥发酸的积累，使 pH 迅速下降，阻碍产甲烷阶段的正常进行，严重时可导致"酸化"，且有机物去除率低	总产气率高
低	有机物去除率高	总产气率低

简易取值：1kgCOD ≈ 340L 甲烷（甲烷约占沼气总量的 70%）。

沼气主要由二氧化碳和甲烷组成。其比例不固定，受进水碳源中总的 C、H、O 比例而定，且二氧化碳可溶于水，所以沼气中的二氧化碳并不直接等于产二氧化碳量。

沼气的组成

甲烷（CH_4）	二氧化碳（CO_2）	氮气（N_2）	氢气（H_2）	氧气（O_2）	硫化氢（H_2S）
50% ～ 80%	20% ～ 40%	0 ～ 5%	小于 1%	小于 0.4%	0.1% ～ 3%

六、常见问题与解决办法
Common problems and solutions

1. 厌氧污泥的流失

流失的主要原因：
① 沼气的抬升作用
② 沼气的冲刷作用
③ 水力负荷的逆止作用
④ 絮状污泥的裹挟作用

厌氧污泥的流失除了以进出水指标进行判断，最为精确的一种方法是通过进水携带的悬浮污泥、污泥产生量及出水 SS 进行判断，极端情况下还需要考虑进出水的钙离子浓度。

当不考虑排泥、进水 SS 合理、跑泥与产泥达到平衡时：

进水 SS ＋污泥产量＝出水 SS（SS 为质量单位），其中，污泥产量＝污泥产率 × （进水 COD － 出水 COD）×Q

情况 1：进水 SS ＋污泥产量＞出水 SS，则污泥流失量小于产生量。

情况 2：进水 SS ＋污泥产量＜出水 SS，则污泥流失量大于产生量。

2. 硫酸盐的间接抑制

硫酸盐是厌氧消化生成的硫化物的前体，它可在硫酸盐还原细菌（SRB）的作用下还原为硫化物。硫酸盐浓度应小于 1000mg/L，COD/SO_4^{2-} 的值应大于 10，以保证厌氧反应器中产甲烷反应处于主导地位。如果比例失调，需要进行预处理或引入硫酸盐浓度较低的其他废水进行稀释。

硫酸盐对厌氧消化的抑制作用是间接的，而且至少会形成两次抑制，首先是硫酸盐还原菌在还原硫酸根、形成硫化氢的过程中，与产甲烷菌争夺分子氢使甲烷产量减少，其次是产物硫化氢对厌氧消化产生毒性影响。

硫酸盐过多！

（1）硫化氢的主要负面作用

负面作用	备注
毒性	硫化氢在高浓度下（500～1000mg/m³）可通过麻痹呼吸系统使人昏迷甚至死亡
腐蚀性	反应器的气水相交界面腐蚀问题尤为严重
臭味	当空气中含有 0.259mg/m³ 硫化氢时，即会闻到类似臭鸡蛋的味道
高需氧量	1mol 硫化物的需氧量相当于 2mol COD

（2）主要解决策略

策略	备注
提高 pH	减少水中游离态 H_2S 的浓度，以及气体中 H_2S 的浓度，从而降低毒性，H_2S 的毒性远大于 HS^-
尾气洗涤与循环	碱洗后的沼气再循环至反应器底部
用铁盐沉淀硫化物	铁的氯化物一般被直接投加到反应器中，生成 FeS 等极难溶的沉淀（通常不投加铁的硫酸盐，因为硫酸盐有可能又生成 H_2S），它们对微生物活性无毒性作用
发挥钼酸盐对 SRB 的抑制作用	钼酸盐可抑制 SRB，但 SRB 对其可产生耐受度。值得注意的是，钼酸盐若长期使用，可能会抑制产甲烷菌和其他厌氧菌群
利用两相厌氧控制硫化物	第一相为硫酸盐还原，第二相为产甲烷

3. 反应器酸化

（1）酸化原因

酸化原因
在启动运行阶段，产甲烷菌未得到大量富集之前，采用了过高的容积负荷
在反应器运行过程中，出现了厌氧污泥的过度流失
在厌氧反应器运行过程中，厌氧消化条件发生了较大的变化（冲击：包括负荷冲击、温度变化、碱度降低、pH 变化及有毒物质增多等）
上升流速太低或布水不均匀，导致了大部分污泥沉积，反应室有效生物量减少

（2）解决办法

①补充投加厌氧颗粒污泥或絮状污泥。

②减少进水负荷、增加厌氧出水回流（回收碱度、增加水力负荷）。

③投加碱性物质提高反应器 pH，包括但不限于氢氧化钠、碳酸钠、碳酸氢钠、石灰。

4. 泡沫问题

泡沫产生的首要原因是液体表面张力降低。可能是生物体本身产生的一些中间产物降低了表面张力，导致了泡沫的产生。此外，进水中的蛋白质、脂肪、类脂也很可能产生泡沫。

泡沫的表现形式

表现形式	原因分析	解决方案
连续喷出像啤酒开盖后出现的气泡	可能是排泥量大，池内污泥量不足；或有机负荷过高；或搅拌不充分有大量的水力死角	减少或停止排泥，加强搅拌，增加污泥投配
产气量正常，但有大量气泡剧烈喷出	可能是由于池内浮渣层过厚，沼气在层下集聚，一旦沼气穿过浮渣层就会出现该形式	破碎浮渣层并充分搅拌
不起泡	池内污泥量过大；有浮渣或堆积的泥沙	暂时减少或停止投配污泥；打碎浮渣并清除；排除池中堆积的泥沙

5. 颗粒污泥钙化

在厌氧反应器运行中，废水中钙离子的浓度较高时，颗粒污泥表面就会形成灰白色或者黑色的"钙层"。颗粒污泥钙化会降低污泥的活性，从而导致厌氧反应器处理效率降低。

正常污泥

钙化污泥

常见对策方法

方法	备注
增加厌氧塔的排泥频次	通过"少排多次"的操作方法来减少活性颗粒污泥的排放量
增加反应器的上升流速	在保证不流失颗粒污泥的前提下增加反应器的上升流速，从而对颗粒污泥形成较强的冲刷力，降低颗粒污泥表面钙的沉积
投加颗粒污泥抑垢剂	通过干扰、分散、螯合等作用抑制颗粒污泥的钙化
补充置换颗粒污泥	在钙化非常严重时（一般认为 MLVSS/MLSS < 40%），需要通过补充置换颗粒污泥来满足厌氧罐的处理能力
降低水解酸化度	对于有预酸化的现场，越过酸化池降低水解预酸化度，增加厌氧反应器的有机污泥产量
增加营养物质的投加量	在来水钙离子增多时，适当增加营养物质的投加量，以增加厌氧有机污泥的产量

主要参考文献

[1] 王凯军 . 厌氧生物技术 [M]. 北京 : 化学工业出版社 , 2015.

[2] 徐晓秋 . 高浓度有机废水厌氧处理技术的研究进展与应用现状 [J]. 应用能源技术 , 2010(12): 6-9.

[3] 张博 , 郭新超 , 王小林 , 等 . 厌氧生物水处理技术的研究进展 [J]. 西部皮革 , 2013, 35(8): 22-25.

[4] AKUNNA J C. CLARK M. Performance of a granular bed anaerobic baffled reactor(GRABBR) treating whiskey distillery wastewater[J]. Bioresource Technology, 2000, 74: 257-261.

[5] 吴建春 . 浅谈厌氧生物处理工艺在污水处理工程实践中的应用 [J]. 环境科学与管理 , 2013, 38(4): 103-105.

[6] R E 斯皮思 . 工业废水的厌氧生物技术 [M]. 李亚新 , 译 . 北京 : 中国建筑工业出版社 , 2001.

[7] 胡纪萃 . 废水的厌氧生物处理理论与技术 [M]. 北京 : 中国建筑工业出版社 , 2003.

[8] 周律 , 钱易 . 厌氧生物反应器的设计、启动和运行控制方法 [J]. 污染防止技术 , 1997, 10(1) .

菌主笔记 ④

（上）

硝化与反硝化作用篇

林彦徐　胡金龙　刘君　编著

Microjun

中国环境出版集团·北京

图书在版编目（CIP）数据

菌主笔记. 4，硝化与反硝化作用篇. 上 / 林彦徐，
胡金龙，刘君编著. -- 北京 ：中国环境出版集团，
2024.5
ISBN 978-7-5111-5867-3

Ⅰ．①菌… Ⅱ．①林… ②胡… ③刘… Ⅲ．①污水处
理－硝化作用－普及读物②污水处理－反硝化作用－普及
读物 Ⅳ．①X703-49

中国国家版本馆CIP数据核字(2024)第101884号

出 版 人　武德凯
责任编辑　梅　霞
装帧设计　宋　瑞

出版发行　**中国环境出版集团**
　　　　　（100062　北京市东城区广渠门内大街 16 号）
　　　　　网　　　址：http://www.cesp.com.cn
　　　　　电子邮箱：bjgl@cesp.com.cn
　　　　　联系电话：010-67112765（编辑管理部）
　　　　　　　　　　010-67147349（第四分社）
　　　　　发行热线：010-67125803，010-67113405（传真）
印　　刷　玖龙（天津）印刷有限公司
经　　销　各地新华书店
版　　次　2024 年 5 月第 1 版
印　　次　2024 年 5 月第 1 次印刷
开　　本　889×1194　1/16
印　　张　16.25
字　　数　380 千字
定　　价　199.00 元（全 6 册）

中国环境出版集团郑重承诺：
中国环境出版集团合作的印刷单位、材料单位均具有中国环境标志产品认证。

序 言

随着我国环境保护行业从增量市场向存量运营市场的转变，生化系统的稳定运行和控制成为环境保护行业的一大痛点，当前我国环境污染治理依然任重道远。

为实现发展生产力这一目标，我们必须加快人才培养速度。"小菌主"创作团队就是因这一初心而创建的。8年来我们一直致力于利用微生物进行污水处理，在日复一日的工作实践中，我们积累了许多实战经验，也对污水处理行业的现状产生了一些思考。随着自媒体兴起，我们就想或许可以借助自媒体平台做一些有价值的输出，一来可以与同行交流经验；二来可以帮助一些新入行或者将要入行的朋友更快地了解微生物污水处理。

污水处理看似简单，实则涵盖了多学科知识，不仅涉及多样化的设备使用、复杂的药剂使用、严格的工艺流程等，还涉及微生物学、化学、药剂学、工程学等诸多学科，值得科普的内容实在太多了。随着我们制作的视频数量越来越多，后台粉丝朋友留言催更的声音也越来越大。再后来，越来越多的粉丝朋友在后台留言，希望我们把视频内容整理成书，以便大家在工作实践中参考，《菌主笔记》便由此而来。为了让叙述生动形象，我们还设计了一整套"小菌宝"形象，它们在书中分别代表各类微生物、污染物质和"小菌主"（作者）。

《菌主笔记》目前一共有 6 册，分别是工艺演化篇、碳转化路径篇、厌氧生物处理篇、硝化与反硝化作用篇（上）、硝化与反硝化作用篇（下）和微生物镜检篇。本册是硝化与反硝化作用篇（上），主要探讨脱氮过程，脱氮包含有机氮的氨化、氨氮的硝化及硝态氮的反硝化。硝化细菌作为氨氮硝化的主力军，是一种自养型微生物，在微生物污水处理中不可或缺，本篇基于多种影响因素分析了如何提升硝化细菌的丰度，从而提升污水处理的硝化效果。

　　最后，感谢《菌主笔记》的所有创作人员（主要编写人员：林彦徐、胡金龙、刘君；其他编写人员：王宁波、叶振琴、金宇晨、汤燕红、徐颖）。同时，由于作者水平有限，书中难免存在不当之处，恳请大家批评指正，我们一定听取建议，完善修正。

小菌主环境科技（武汉）有限公司《菌主笔记》创作团队

2024 年 3 月 31 日

CONTENTS
目 录

一、脱氮的基础知识
The basics of nitrogen removal

扫码观看 动画视频

1. 氮循环、总氮组成、游离氨的平衡

（1）氮在自然界中的循环途径

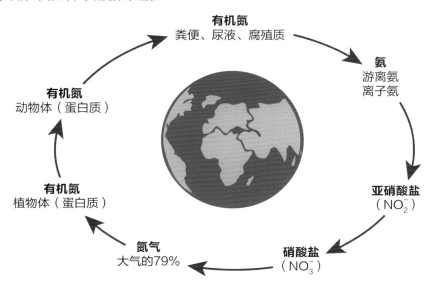

（2）污水中氮的存在形式

总氮

总凯氏氮

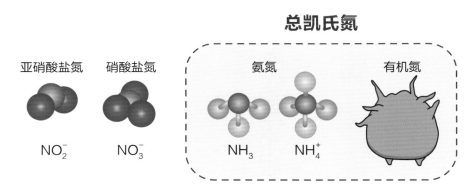

总无机氮

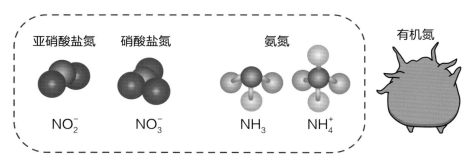

（3）游离氨的平衡

游离氨与离子氨之间的转化是可逆反应，pH 偏酸性时离子氨占主导地位，pH 偏碱性时游离氨占主导地位。

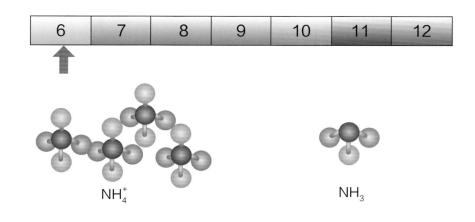

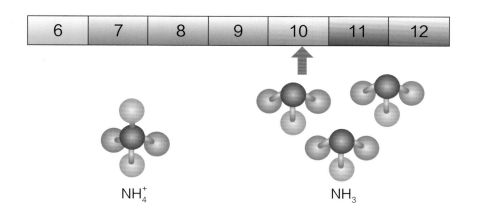

2. 污水中的传统生物脱氮流程

氨化反应 → 硝化反应（氨氧化反应 → 亚硝酸盐氧化反应） → 反硝化反应

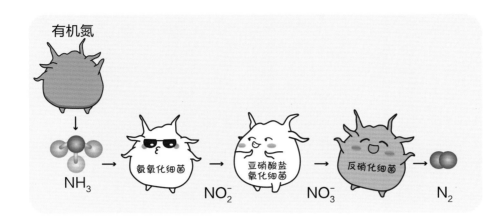

（1）氨化反应

含氮有机物在具有氨化功能的微生物作用下，经分解转化为氨氮的过程，以氨基酸为例。

加氧脱氨基反应式

$$RCHNH_2COOH + O_2 \longrightarrow RCOOH + CO_2 + NH_3$$

水解脱氨基反应式

$$RCHNH_2COOH + H_2O \longrightarrow RCHOHCOOH + NH_3$$

（2）硝化反应

在好氧条件下，通过氨氧化细菌和亚硝酸盐氧化细菌的作用，将氨氮氧化成亚硝酸盐氮和硝酸盐氮的过程。硝化反应的总反应式如下。

$$NH_3 + 2O_2 \longrightarrow NO_3^- + H^+ + H_2O + 能量$$

① 氨氧化反应：氨氧化细菌（Ammonia Oxidizing Bacteria，AOB）将氨氮转化为亚硝酸盐氮。

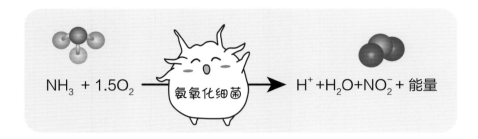

$$NH_3 + 1.5O_2 \xrightarrow{\text{氨氧化细菌}} H^+ + H_2O + NO_2^- + 能量$$

此时，如果系统没有足够的碱度，产生的酸可能会降低水中的 pH，影响微生物活性，抑制硝化反应的进行。

② 亚硝酸盐氧化反应：亚硝酸盐氧化细菌（Nitrite Oxidizing Bacteria, NOB）将亚硝酸盐氮转化成硝酸盐氮。

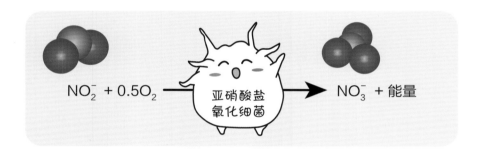

$$NO_2^- + 0.5O_2 \xrightarrow{\substack{\text{亚硝酸盐} \\ \text{氧化细菌}}} NO_3^- + 能量$$

（3）反硝化反应

反硝化细菌将硝酸盐中的氮通过一系列中间产物（NO_2^-、NO、N_2O）还原为氮气的生物化学过程。

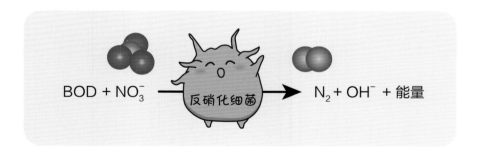

$$BOD + NO_3^- \xrightarrow{\text{反硝化细菌}} N_2 + OH^- + 能量$$

反硝化细菌是一种特殊的异养菌，它的生长繁殖需要有机物和氧气，当环境中的氧气不足时，可以利用硝酸盐中的氧分子，以有机物为电子供体，将硝酸盐还原成氮气。同时，生成的氢氧根离子也可以补充硝化反应消耗的碱度。

二、硝化系统日常运行管理

Daily operation management of nitrification system

1. 日常运行管理

（1）氨氧化负荷

氨氧化负荷	$0.01 \sim 0.05 kgNH_4^+-N/（kgMLSS \cdot d）$

氨氧化负荷表示系统内 1kg 活性污泥每天可以降解多少氨氮。结合进水的氨氮浓度、进水量和污泥浓度等数据，估算池容设计、停留时间是否合适。

（2）BOD 负荷

BOD负荷	$0.15 \sim 0.3 kgBOD/（kgMLSS \cdot d）$

在低碳氮比条件下，应抑制异养菌的活性，缓解絮团内部对溶解氧的竞争，建立硝化细菌的生长优势。

（3）污泥产率和污泥龄

污泥产率	$0.4 kgMLSS/kgCOD$

污泥产率表示 1kgCOD 可以产生的活性污泥质量，硝化细菌的比增长速率为 0.3 ～ 0.7/d，产率系数仅为 $0.17 kgMLSS/kgNH_4^+-N$。

硝化细菌氧化氨氮获取的能量利用率极低，只有少部分能用于合成生物体，这就导致了硝化细菌产率低、生长慢。为了保证系统中的硝化细菌数量，污泥龄不得小于 3 ～ 5d，通常控制在大于 10d。

如果排泥过多，会降低系统内硝化细菌的总量，导致硝化系统出现问题。

（4）溶解氧

扫码观看 动画视频

硝化细菌不仅存在菌胶团外部，也存在菌胶团内部，只有外部的混合液保持较高的溶解氧，才能被菌胶团内部的硝化细菌利用，0.5 ～ 0.7mg/L 是硝化细菌能耐受溶解氧的极限。

在实际运行中，溶解氧一般控制在 2 ～ 4mg/L，但也有一些污水厂溶解氧要控制在 4mg/L 以上。

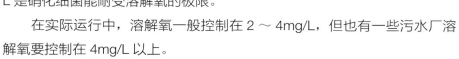

（5）pH 和碱度

氨氧化过程是整个硝化反应的限速步骤。为了照顾氨氧化细菌的工作效率，通常情况下硝化反应池的 pH 宜控制在 7.5 ～ 8.5。

硝化细菌以 CO_2、HCO_3^-、CO_3^{2-} 等为碳源，通过氧化氨氮来获得能量。这就需要系统内保持一定的碱度。1g 氨氮硝化需要消耗 7.14g 的碱度（$CaCO_3$）。

（6）温度

冬季运行温度较低，硝化菌的生长和繁殖受限比较严重，在此情况下需要在气温降低前尽量增加污泥浓度，提高污泥龄，以数量的增加来弥补质量的缺失。

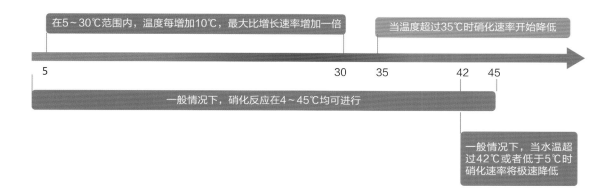

在5～30℃范围内，温度每增加10℃，最大比增长速率增加一倍

当温度超过35℃时硝化速率开始降低

5　30　35　42　45

一般情况下，硝化反应在4～45℃均可进行

一般情况下，当水温超过42℃或者低于5℃时硝化速率将极速降低

（7）内回流

在进出水氨氮没有变化的前提下，缺氧池氨氮升高大概率是因为内回流量降低导致的。

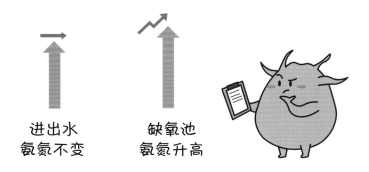

进出水
氨氮不变

缺氧池
氨氮升高

（8）抑制物

常见的硝化抑制物主要有氰胺类、含氮杂环化合物、含硫化合物、烃类及其衍生物。此外，过高的游离氨浓度也会抑制硝化细菌。

缺氧池的 pH 过低，导致反硝化无法完全进行从而使亚硝酸积累，亚硝酸达到一定浓度会对后端的硝化作用产生影响。

中毒了！

扫码观看 动画视频

2. 抑制物冲击和抑制程度的判断实验

（1）抑制物冲击判断

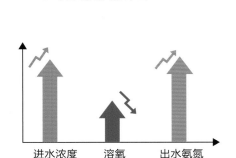

a.毒性冲击

水量　风机风量　好氧池溶解氧

b.毒性或高负荷冲击

进水浓度　溶氧　出水氨氮

（2）硝化反应被抑制的程度判断和解决方法

闷曝实验：取好氧池末端混合液闷曝

现象一：氨氮很快降低，说明来水中的抑制物具有较好的生物降解性。

解决方法：可通过降低负荷、提高溶解氧、提高碱度来快速恢复。

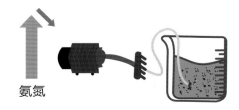

氨氮

现象二：氨氮缓慢降低，说明来水中的毒性物质有一定的生物降解性，可以通过长时间的闷曝来降解。

解决方法：在硝化系统恢复后逐步增加进水量，加大硝化液回流量，稀释来水中抑制物的浓度。

氨氮

现象三：氨氮不降低，说明来水中的抑制物具有一定的生物抗性，也可能是系统内的抑制物浓度太高导致的降解速率很慢。需要排查上游排水中具有抑制物的废水，进行单独的预处理。

解决方法：在保证来水中没有抑制物的前提下大量进水，关闭内回流，减少外回流，对系统内有毒性的废水进行置换，降低系统内的抑制物浓度，加速硝化系统的恢复。

氨氮

（3）分辨是硝化菌死亡还是毒性物质吸附的实验

在置换了有抑制物的废水后，若硝化系统依然很难建立，则可能是不可逆抑制导致的硝化细菌大量死亡，也可能是污泥对抑制物具有很强的吸附性，导致抑制物依旧留存在污泥中。

我们可以通过小试实验进行判断。

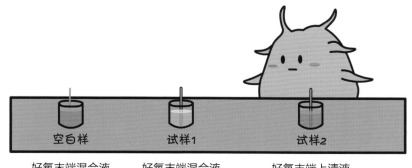

在相同条件下对以上三个试样进行闷曝，并控制合理的实验条件。

结果一：

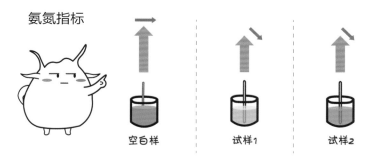

若出现了上图所示情况，则说明前期的毒性冲击对硝化细菌产生了不可逆的抑制，导致硝化菌大量死亡。此时，补充人工发酵的硝化细菌或大量补充市政污泥可快速恢复系统。

结果二：

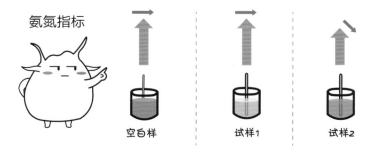

若出现了上图所示情况，则说明污泥中吸附了大量的抑制性物质，系统的恢复较慢。此时，可大量排泥，降低污泥中抑制物的量，然后补充硝化细菌和市政污泥。也可大量排泥，当污泥浓度降低至一定程度后，投加碳源养泥，然后再投加硝化细菌来补充污泥中的硝化细菌总量。

结果三：

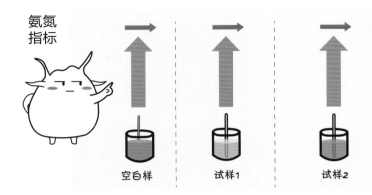

若出现了上图所示情况，则说明废水中的抑制物浓度还没有降低到硝化细菌可以正常生长和繁殖的浓度，需要继续稀释系统内的废水。

3. 含抑制物废水的运行管理

（1）金属抑制物

污泥对重金属有一定的富集作用。当污泥中的重金属含量达到对硝化细菌的抑制浓度后，硝化反应会逐渐减弱，最终会导致出水氨氮超标。

可以通过降低污泥龄来降低污泥中重金属的含量，对于来水重金属浓度过高的废水则需要先进行预处理去除重金属，再进入后端的生化系统。

（2）可生物降解有机抑制物

在运行过程中，可通过增加内回流的比例，稀释来水中抑制物浓度，维持硝化系统的正常运行。

（3）难降解或不可降解的有机抑制物

排查上游的来水，将具有抑制性物质的废水单独进行预处理后再输入生化系统。难降解、抑制物浓度高但是无法剥离的含抑制物废水，硝化系统很难建立，可通过共代谢、大量投加碳源、增加溶解氧等措施来尝试实现氨氮的达标排放。

可通过共代谢，大量投加碳源、增加溶解氧等措施来尝试实现氨氮的达标排放。

三、常见的硝化抑制物抑制机理
Common nitrification inhibitor inhibition mechanism

扫码观看 动画视频

1. 常见的硝化抑制物

2. 硝化反应抑制机理

（1）氨氧化作用机理

氨单加氧酶（AMO）和羟胺氧化还原酶（HAO）是氨氧化细菌进行氨氧化反应的关键酶，微生物的氨氧化作用是通过这两个酶的接力作用实现的。所以本质上是一种酶促反应。

氨单加氧酶是由 3 个亚基组成的三聚体膜结合蛋白，*AmoA* 亚基是该酶的活性位点。

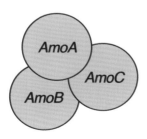

氨氮先被氨单加氧酶氧化为羟胺。

$$NH_3 + O_2 + 2H^+ + 2e^- == NH_2OH + H_2O$$

羟胺再被羟胺氧化还原酶催化氧化为亚硝酸盐。

$$NH_2OH + H_2O + 0.5O_2 == NO_2^- + 2H_2O + H^+$$

（2）抑制物阻断氨氮转化为亚硝酸盐的四个途径

①与氨氧化细菌中的氨单加氧酶进行底物竞争

有的硝化抑制物具有与氨分子相似的结构，可与硝化细菌的酶结合，抑制氨氧化过程。如氰胺类和芳香族化合物的抑制作用就属于竞争性抑制，它们会与氨分子争夺氨单加氧酶的活性位点，并作为底物参与催化氧化，从而抑制硝化活性。

②抑制物与氨单加氧酶中心活性点位的金属离子螯合，抑制酶的活性

如某些含硫化合物——烯丙基硫脲可以单齿配体的形式与 AMO 活性中心的金属离子发生螯合，从而抑制硝化作用。

③抑制物使蛋白质变性、酶失活

例如，镉、铬、铅、汞等重金属可使氨单加氧酶失活。

④干扰氨氧化微生物的电子传递链系统，影响呼吸作用，或者通过抑制细胞色素氧化酶的活性来抑制氨氧化细菌的生长。

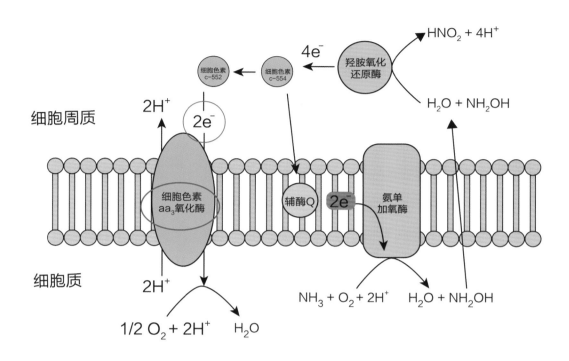

总体来说，硝化抑制物主要通过抑制氨氧化作用中酶的活性，或者氨氧化细菌的生长来抑制硝化作用。

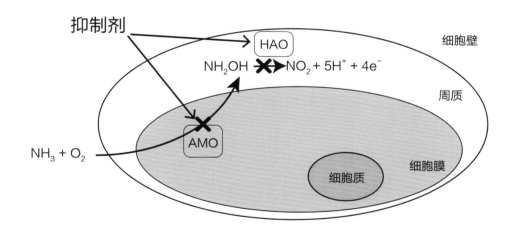

3. 硝化作用的影响因素

（1）pH

氨氮在废水中主要以两种形式存在。

$$NH_3 + H_2O \rightleftharpoons NH_4^+ + OH^-$$

氨单加氧酶只能催化非离子氨（NH₃）的氧化反应，NH₃ 是硝化细菌的直接底物。

在低氨氮浓度下，要提升硝化反应速率，可以提高 pH 使氨氮尽可能向非离子氨转化，这也是偏碱性环境有利于硝化反应进行的主要原因。

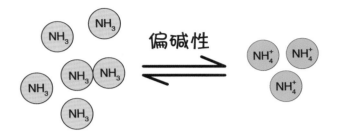

（2）温度

硝化作用最适宜的温度为 25～35℃，一般认为 30℃时硝化速率最高，其生物学机理被认为与氨氧化细菌的 *AmoA* 基因转录量有关，在 10～30℃内温度越高，氨氧化细菌的 *AmoA* 基因转录量越大，表达量也就越大，可以更好地促进氨氮向亚硝酸盐转化。

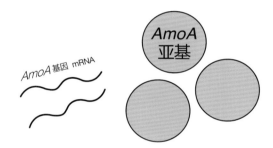

（3）溶解氧

氨氧化细菌对氧的需求量很大，既需要氧作为其电子传输链的最终电子受体，又需要氧作为氨单加氧酶的电子受体，将氨氮催化为羟胺。

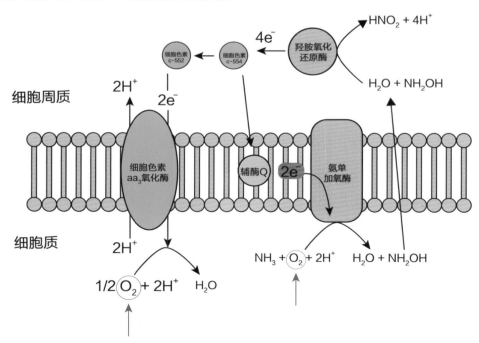

四、pH 对硝化作用的抑制机理

Inhibition mechanism of pH on nitrification

扫码观看 动画视频

1.pH 抑制的是硝化过程还是硝化细菌

我俩不一样。

pH对硝化反应的抑制 ≠ pH对硝化细菌的抑制

反应没有发生（即氨氮降解速率为零）并不代表微生物失去了活性，实际上，它们可能不仅没有受到抑制，反而依旧活蹦乱跳。

2.pH 异常对硝化反应的抑制

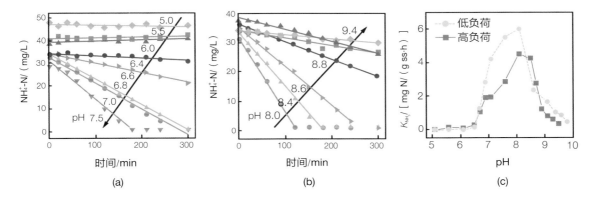

图（a）和图（b）是中国科学院的课题组在进水氨氮为 30 ~ 50mg/L 时，设定不同 pH 进行稳态条件下氨氧化速率的试验。
图（c）对比研究了高氨氮（200mg/L）和低氨氮（30mg/L）负荷条件下的硝化速率与 pH 之间的关系。

硝化细菌的 pH 耐受范围为 5.0 ~ 9.7，超过这一范围硝化细菌会快速失去活性。

在 pH 为 5.0 ~ 7.5 时，硝化反应速率随着 pH 的降低而不断减慢。特别是 pH 为 5.0 ~ 6.0 时，氨氮几乎没有降解率。而在高 pH 区间，随着 pH 从 8.0 上升至 9.4，氨氧化速率也在不断下降。

如图（c）所示，当 pH > 8 时，表现为抑制作用，此时，pH 和游离氨的双重作用进一步抑制了硝化反应。

3.pH 对硝化细菌的抑制作用是否可逆

恢复实验：反应性抑制和微生物抑制

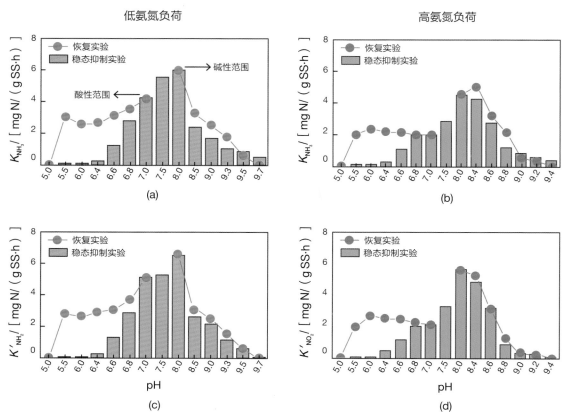

恢复实验和稳态抑制实验的速率与 pH 关系对比：（a, c）为低氨氮负荷，（b, d）为高氨氮负荷。
恢复实验：稳态抑制实验结束的次日将 pH 恢复到正常条件（pH 为 7 或 8）后测定硝化反应速率。

　　由于氨氧化（$NH_3 + 1.5O_2 \longrightarrow NO_2^- + H^+ + H_2O$）过程中会产生质子，而亚硝酸氧化（$NO_2^- + 0.5O_2 \longrightarrow NO_3^-$）过程中不会产生质子。氨氧化细菌为了维持细胞内的 pH，需要不断将产生的质子转移到胞外，因此这个反应需要与跨膜质子传输协同发生。

　　在碱性范围内，硝化反应速率没有随着 pH 的降低而增加，这表明高 pH 下，微生物的细胞受到损伤，发生了不可逆的抑制作用。而在高氨氮负荷下，游离氨的存在进一步强化了对微生物的抑制作用。

在酸性条件下，氨氧化过程（AOP）和亚硝酸氧化过程（NOP）在 pH 为 5.5 ～ 6.8 时的反应活性基本恢复到了 pH 为 7.0 时的正常水平，当 pH 下降到 5 后，微生物活性明显受到抑制。这说明酸性 pH 胁迫只是阻碍硝化反应的发生，没有明显损伤氨氧化细菌（AOB）和亚硝酸盐氧化细菌（NOB）的活性。

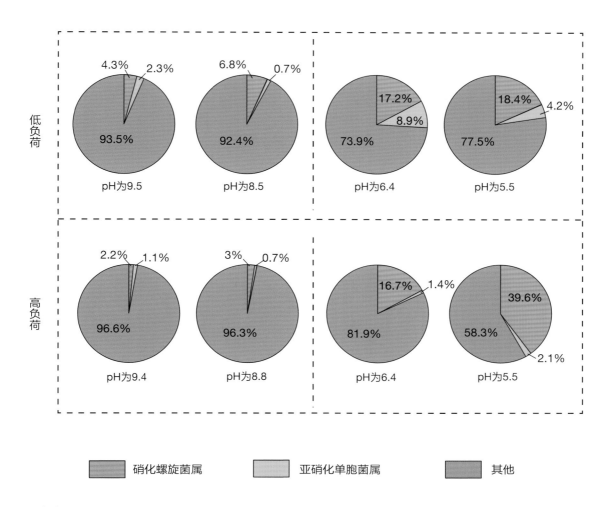

图 片 来 源：YUE X H. Reactive and microbial inhibitory mechanisms depicting the panoramic view of pH stress effect on common biological nitrification[J]. Water Research, 2023.

在酸性条件下，硝化螺旋菌属（一种亚硝酸氧化细菌，可将亚硝酸盐氧化成硝酸盐）和亚硝化单胞菌属（能将氨氧化为亚硝酸盐）的总比例与原始污泥样品几乎相同，甚至更高，达到了 18.1% ～ 41.7%，这直接证明了酸胁迫对硝化细菌本身没有明显的抑制作用。但在碱性条件下这一比例下降到了约 3.3% ～ 7.5%，这证实了碱性胁迫对硝化细菌的生理损害。

4. 抑制持续时间对硝化细菌的影响

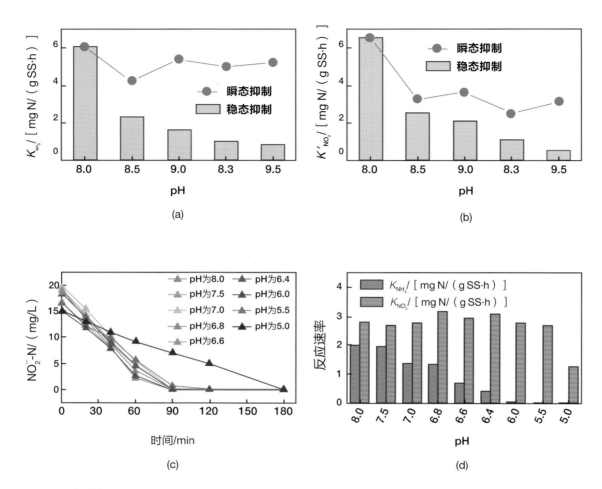

图（a、b）为碱性 pH 胁迫条件下瞬态抑制和稳态抑制实验的速率对比；图（c）为酸性条件下 NOP 的瞬态抑制实验，以亚硝酸盐为基质；图（d）为酸性条件下瞬态抑制实验测定的 AOP 和 NOP 的速率与 pH 的关系，NOP 通过以亚硝酸盐为基质的部分硝化实验测定。

上图中的图（a）和图（b）表明，碱性条件下的瞬态抑制作用不明显，pH 对硝化细菌的抑制作用与持续时间有关。即对硝化细菌的生理损伤随着时间逐渐加剧，致使其丰度随时间不断降低。

上图中的图（c）和图（d）表明，酸性 pH 胁迫只抑制氨氧化过程，不阻碍亚硝酸氧化过程的发生，直至 pH 降到 5.0 时，NOB 才开始受到抑制作用。

5. 低 pH 下抑制硝化反应的机制

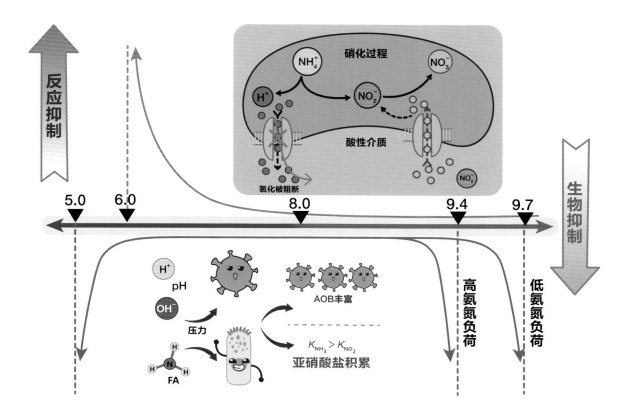

在酸性条件下，随着 pH 降低，胞内和胞外 pH 梯度降低，跨膜质子转运受阻，从而降低了氨氧化速率。当 pH 降低到 6 时，可能形成了逆向 pH 梯度使质子传输被完全阻断，氨氧化进程完全不能发生。这就解释了硝化反应在 pH 小于 6 时完全停止的现象。

6. 小结

硝化细菌具有较宽的 pH 耐受范围（5.0～9.7），超过这一范围硝化细菌会快速失去活性。不论在高氨氮负荷下还是低氨氮负荷下，pH 为 8.0 均为硝化反应的最优条件。

在 pH 耐受范围内，碱性条件下以细胞损伤性抑制作用占主导，酸性条件下以可逆的反应过程抑制作用占主导。

高 pH 对硝化细菌的抑制特征为不可逆且与持续时间有关、亚硝酸氧化菌受抑制更加明显、游离氨浓度的增加会强化抑制。

低 pH 下的反应性抑制只抑制氨氧化过程不影响微生物活性，因此该抑制作用可逆且不依赖于持续时间。

反应性抑制的机制在于与氨氧化过程协同的跨膜质子运输，pH 决定着质子传输驱动力与 pH 梯度的大小。

顶呱呱！

五、游离氨对硝化作用的抑制机理

Inhibition mechanism of free ammonia on nitrification

扫码观看 动画视频

氨氮的传统硝化过程是由氨氧化细菌和亚硝酸盐氧化细菌联合完成的。

硝化作用主要包括两个过程。

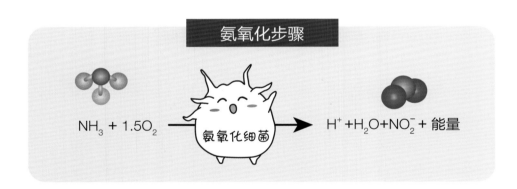

游离氨（FA）（分子态的 NH₃)的存在对这两个过程均有影响，但影响程度有所不同。

1. 游离氨浓度的影响因素

在碱性条件下，一定浓度的氨氮必然导致游离氨的存在。

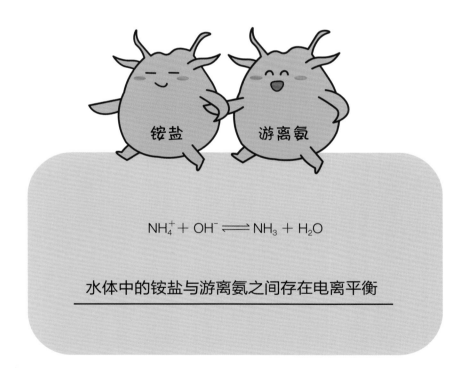

$$NH_4^+ + OH^- \rightleftharpoons NH_3 + H_2O$$

水体中的铵盐与游离氨之间存在电离平衡

进水氨氮浓度相同时，pH 和温度越高，游离氨所占比例越大。

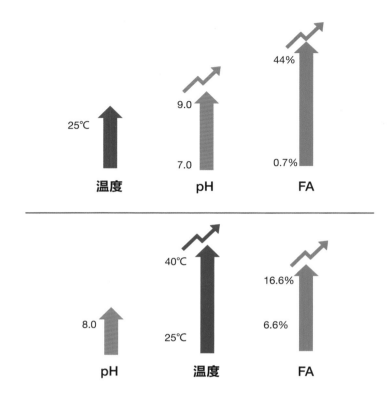

2. 不同浓度游离氨对脱氮过程的影响

①当 FA < 0.5mg/L 时

"您系统中的 AOB 和 NOB 都很健康，活蹦乱跳哦！"

②当 0.5 < FA < 5mg/L 时

"由于得到了更多游离氨作为食物，AOB 的数量正在增加，但 NOB 开始被抑制了！"

③当 5 < FA < 10mg/L 时

"游离氨供应更加充足，您系统中 AOB 的数量正在噌噌往上涨，但对 NOB 的抑制作用继续加大，当心出现亚硝酸盐积累哦！"

④当 10 < FA < 15mg/L 时

"警报！警报！游离氨超标！您的 AOB 和 NOB 都被抑制，要当心硝化系统出问题啦！"

⑤当 15 < FA < 200mg/L 时

"您的硝化系统正在崩溃，赶紧给'小菌主'打电话吧，只有她能拯救你的系统啦！"

⑥当 FA > 200mg/L 时

"您系统中的 AOB 活性降低到只剩一半了，NOB 已被灭活，恭喜你实现了短程硝化。"

3. 游离氨通过改变微生物群落组成影响脱氮效率

脱氮系统中的微生物组成是影响脱氮性能的关键。

氨氧化

"主力菌"

亚硝化单胞菌属

亚硝酸盐氧化

"主力菌"

硝化螺旋菌属

从微生物种类和相对丰度来说，当数据显示游离氨的浓度为 0.5mg/L 时，微生物种群的多样性最高。不同的微生物丰度和多样性可能也是游离氨对硝化抑制具有不同阈值的原因。

对于微生物多样性高的群落，它们的酶能构成一个复杂的代谢网络。丰富的代谢途径提高了其对底物的利用率和食物范围。

随着游离氨浓度的升高，微生物多样性逐渐下降，系统中的氮氧化网络也随之被削弱。

4. 游离氨对氨氧化细菌和亚硝酸盐氧化细菌的抑制机理

微生物所能合成酶的种类决定了它们所能利用的营养物。在硝化反应中，主要的功能酶有两种。

游离氨能通过影响这些酶的活性对硝化过程产生影响。

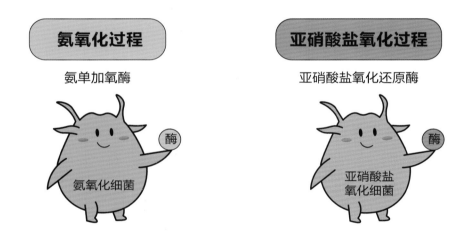

试验显示，游离氨对 NOB 的亚硝酸盐氧化还原酶具有专性抑制作用，即 NOB 比 AOB 更容易受游离氨抑制。

其次，游离氨还通过影响细菌胞内 pH 水平来抑制脱氮功能菌的活性。

氨分子（NH_3）进入细胞质后，会吸附 H^+ 形成氨离子，导致细胞内的 pH 呈碱性。为了维持胞内 pH 平衡，需要通过钾离子泵与胞外溶液进行质子（H^+）交换。

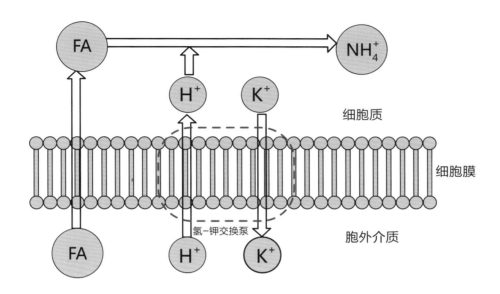

FA跨膜迁移对细菌胞内pH的抑制机理

这个过程会消耗很多能量，同时消耗大量钾离子，使细胞内钾离子浓度下降，也会间接影响很多需要钾离子的生物酶活性。

六、游离亚硝酸对硝化细菌的抑制

Inhibition of free nitrite on nitrifying bacteria

1. 游离亚硝酸的毒性

游离亚硝酸（FNA）和亚硝态氮（NO₂-N）之间存在电离平衡关系。

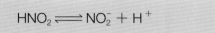

$$HNO_2 \rightleftharpoons NO_2^- + H^+$$

污水处理系统中存在大量亚硝态氮时，会产生一定比例的游离亚硝酸。

游离亚硝酸只要很低的浓度就能抑制硝化细菌（包括 AOB 和 NOB）的合成代谢，使它们的活性降低，造成硝化速率下降。

2. 游离亚硝酸对硝化过程的影响

氨氮在曝气池中的形态转化过程如下。

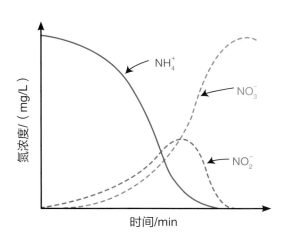

非抑制情况下的硝化反应过程曲线

不存在抑制物质时，氨氧化细菌、亚硝酸盐氧化细菌的丰度和活性都较高，氨氧化速率（SAOR）和亚硝酸盐氧化速率（SNOR）也都很快。

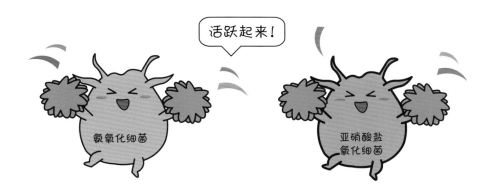

氨氮含量随着时间的推移快速下降，亚硝态氮在短时间内少量积累后，浓度也快速下降，最终，在到达好氧池出口前，基本所有的氨氮都能完全被氧化为硝态氮。

在下面这张图中，三个数据都出现了异常：首先是氨氧化速率突然下降，然后是亚硝态氮出现了大量积累，导致的结果是氨氮绝大多数转化为亚硝态氮而非硝态氮。

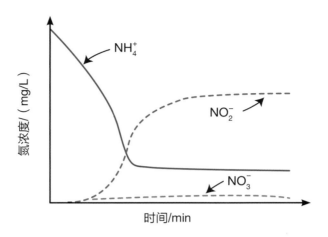

游离亚硝酸抑制下的硝化反应

3. 游离亚硝酸抑制的案例分析

在一个养殖废水调试案例中，氨氮浓度如下。

好氧池进水	好氧池末端	补充了碱度后
800～900mg/L	200mg/L	氨氮依然 没有被完全转化

在稀释 10 倍后，检测到的亚硝酸盐积累率依然非常高。

这里可以分为两个问题来分析。

（1）为什么氨氮在好氧池的前半段去除率较高，而在后半段氨氧化速率下降得非常快？

（2）为什么会有那么高的亚硝态氮积累率？

在进水氨氮非常高的情况下，NOB 的活性几乎从一开始就被抑制了，而后续亚硝态氮积累又进一步强化了这一抑制。

对于亚硝酸盐氧化细菌来说，同时存在游离氨和游离亚硝酸两种环境胁迫，所以亚硝酸盐氧化细菌几乎被灭活。

氨氧化细菌耐受游离氨的能力较强，因此在好氧池前半段有较高的氨氮去除率，但是在好氧池后半段，随着亚硝态氮浓度的增高，氨氧化细菌的活性被抑制。

资料显示

游离亚硝酸 （FNA＞0.15mg/L）	对氨氧化细菌（AOB）产生抑制 对亚硝酸盐氧化细菌（NOB）有促进作用
游离亚硝酸 （FNA＞0.25mg/L）	对氨氧化细菌（AOB）产生抑制 对亚硝酸盐氧化细菌（NOB）产生抑制

注：在不同系统中，由于微生物种群结构、丰度、驯化程度不同，FNA 的抑制浓度也会有一些差异。

4. 游离亚硝酸浓度的影响因素

亚硝态氮的浓度和温度一定时，游离亚硝酸浓度与 pH 成反比。即 pH 越低，越有利于亚硝态氮接受氢离子，生成游离亚硝酸。

亚硝态氮浓度为 800mg/L，温度为 25℃

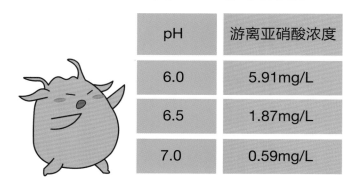

pH	游离亚硝酸浓度
6.0	5.91mg/L
6.5	1.87mg/L
7.0	0.59mg/L

同样浓度的亚硝态氮在不同的 pH 条件下产生的游离亚硝酸，浓度差异也会非常大。

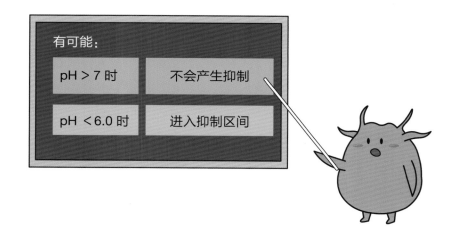

有可能：

pH > 7 时	不会产生抑制
pH < 6.0 时	进入抑制区间

随着抑制时间的延长，会产生一定的累积效应，使亚硝酸盐氧化细菌的数量不断减少。而游离亚硝酸的浓度与水温成反比。

5. 游离亚硝酸抑制的解决方案

针对高氨氮废水的特性，可以考虑设计两级 AO，甚至多级 AO。

污水周期性通过好氧区和缺氧区时，会依次经历硝化和反硝化过程。既消耗了多余碳源，也将前一段好氧区产生的亚硝态氮进行了反硝化。

反硝化状态	硝化状态	反硝化状态	硝化状态
缺氧区	好氧区	缺氧区	好氧区

随着反硝化反应的进行，亚硝态氮被去除，降低了后半段游离亚硝酸对硝化细菌的抑制作用。反硝化产生的碱度也能减少后半段进行碱度和 pH 调整的成本。

主要参考文献

[1] 住房和城乡建设部 . 室外排水设计标准：GB50014—2021[S]. 北京：中国计划出版社，2021：4.

[2] 张苗苗，沈菊培，贺纪正，等 . 硝化抑制剂的微生物抑制机理及其应用 [J]. 农业环境科学学报，2014, 33(11): 2077-2083.

[3] 侯震东 . 硝化抑制剂硫脲对硝化过程的抑制特性研究 [D]. 太原：太原理工大学，2016.

[5] 张明 . 硝化细菌应用技术研究 [D]. 上海：华东师范大学，2003.

[6] YUE X H. Reactive and microbial inhibitory mechanisms depicting the panoramic view of pH stress effect on common biological nitrification[J]. Water Research, 2023.

[7] SUN H W. Understanding the effect of free ammonia onmicrobial nitrification mechanisms in suspended activated sludge bioreactors[J]. Environmental Research, 2021: 200.

[8] 邓佳 . 游离氨和游离亚硝酸对硝化过程的影响研究 [D]. 成都：西华大学，2021.

[9] 侯晓薇 . 游离亚硝酸（FNA）对氨氧化细菌（AOB）的抑制作用及微生物多样性研究 [D]. 兰州：兰州交通大学，2021.

菌主笔记

林彦徐　胡金龙　刘君　编著

5

（下）

硝化与反硝化作用篇

MicroJun

中国环境出版集团·北京

图书在版编目（CIP）数据

菌主笔记. 5, 硝化与反硝化作用篇. 下 / 林彦徐,
胡金龙, 刘君编著. -- 北京 : 中国环境出版集团,
2024.5
ISBN 978-7-5111-5867-3

Ⅰ. ①菌… Ⅱ. ①林… ②胡… ③刘… Ⅲ. ①污水处
理－硝化作用－普及读物②污水处理－反硝化作用－普及
读物 Ⅳ. ①X703-49

中国国家版本馆CIP数据核字(2024)第101885号

出 版 人　武德凯
责任编辑　梅　霞
装帧设计　宋　瑞

出版发行　中国环境出版集团
　　　　　（100062　北京市东城区广渠门内大街 16 号）
　　　　　网　　　址：http://www.cesp.com.cn
　　　　　电子邮箱：bjgl@cesp.com.cn
　　　　　联系电话：010-67112765（编辑管理部）
　　　　　　　　　　010-67147349（第四分社）
　　　　　发行热线：010-67125803，010-67113405（传真）
印　　刷　玖龙（天津）印刷有限公司
经　　销　各地新华书店
版　　次　2024 年 5 月第 1 版
印　　次　2024 年 5 月第 1 次印刷
开　　本　889×1194　1/16
印　　张　16.25
字　　数　380 千字
定　　价　199.00 元（全 6 册）

中国环境出版集团郑重承诺：
中国环境出版集团合作的印刷单位、材料单位均具有中国环境标志产品认证。

FOREWORD
序 言

随着我国环境保护行业从增量市场向存量运营市场的转变，生化系统的稳定运行和控制成为环境保护行业的一大痛点，当前我国环境污染治理依然任重道远。

为实现发展生产力这一目标，我们必须加快人才培养速度。"小菌主"创作团队就是因这一初心而创建的。8 年来我们一直致力于利用微生物进行污水处理，在日复一日的工作实践中，我们积累了许多实战经验，也对污水处理行业的现状产生了一些思考。随着自媒体兴起，我们就想或许可以借助自媒体平台做一些有价值的输出，一来可以与同行交流经验；二来可以帮助一些新入行或者将要入行的朋友更快地了解微生物污水处理。

污水处理看似简单，实则涵盖了多学科知识，不仅涉及多样化的设备使用、复杂的药剂使用、严格的工艺流程等，还涉及微生物学、化学、药剂学、工程学等诸多学科，值得科普的内容实在太多了。随着我们制作的视频数量越来越多，后台粉丝朋友留言催更的声音也越来越大。再后来，越来越多的粉丝朋友在后台留言，希望我们把视频内容整理成书，以便大家在工作实践中参考，《菌主笔记》便由此而来。为了让叙述生动形象，我们还设计了一整套"小菌宝"形象，它们在书中分别代表各类微生物、污染物质和"小菌主"（作者）。

《菌主笔记》目前一共有 6 册，分别是工艺演化篇、碳转化路径篇、厌氧生物处理篇、硝化与反硝化作用篇（上）、硝化与反硝化作用篇（下）和微生物镜检篇。本册是硝化与反硝化作用篇（下），主要探讨脱氮中的反硝化过程。作为兼性异养菌的反硝化细菌，既能将溶解氧作为电子受体，也能利用硝酸盐和亚硝酸盐夺取有机碳源的电子，所以我们要控制好环境使其优先利用硝态氮和亚硝态氮。同时，生物除磷和化学除磷的内容也一并放在了本篇。

　　最后，感谢《菌主笔记》的所有创作人员（主要编写人员：林彦徐、胡金龙、刘君；其他编写人员：王宁波、叶振琴、金宇晨、汤燕红、徐颖）。同时，由于作者水平有限，书中难免存在不当之处，恳请大家批评指正，我们一定听取建议，完善修正。

小菌主环境科技（武汉）有限公司《菌主笔记》创作团队

2024 年 3 月 31 日

CONTENTS
目 录

一、反硝化作用原理（一）

Principles of denitrification

1. 全球氮循环

分子氮、有机氮、无机氮相互转化形成的循环网络就是自然界中的氮循环。

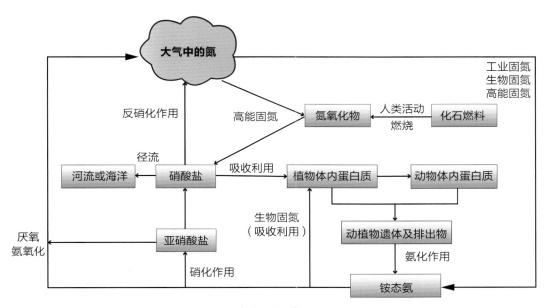

氮循环示意图

全球氮循环包括六个氮转化过程。

①**固氮作用**（nitrogen fixation）

②**同化作用**（assimilation）

③**氨化作用**（ammonification）

④**硝化作用**（nitrification）

⑤**反硝化作用**（denitrification）

⑥**厌氧氨氧化作用**（anammox）

氮气由氮分子组成，它在大气中所占的体积比约为78%，是世界上可自由获取的最大氮库。

氮气在常温下性质稳定，不易发生化学反应。氮元素是合成蛋白质与核酸等关键细胞物质所必需的。

通过氮固定作用，把空气中游离态的氮转化为硝酸盐、亚硝酸盐、氨等比较活泼的氮的存在形式，才能使其被绝大部分的生物利用。

现存的固氮途径主要有三条。

（1）高能固氮

通过闪电、宇宙射线等自然力量，把大气中的 N_2 转化为 NO、NO_2 等氮氧化物。氮氧化物溶解在雨水里，降落到地面后就成为天然的氮肥。

自然固氮方程式

$$N_2 + O_2 \longrightarrow 2NO$$

$$2NO + O_2 \longrightarrow 2NO_2$$

$$3NO_2 + H_2O \longrightarrow 2HNO_3 + NO$$

（2）生物固氮

固氮微生物 (如固氮菌、蓝细菌等) 将大气中的氮还原为氨态氮（NH₃）。

$$N_2 + e^- + H^+ + ATP \longrightarrow NH_3 + ADP + Pi$$

（3）工业固氮

以氮和氢作为原料，在高温高压且有催化剂的条件下合成氨，这一技术主要用于生产氮肥。

$$N_2 + 3H_2 \longrightarrow 2NH_3$$

原本自然界中的氮循环被认为是基本平衡的，但是工业固氮的出现打破了这一平衡。这就造成了水体的富营养化。所以污水处理厂进行总氮的去除是在弥补这部分差值。

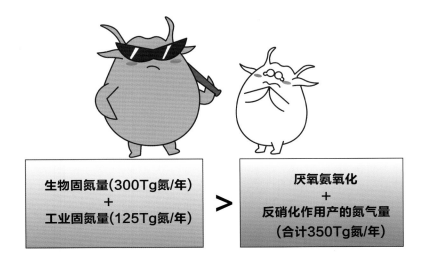

生物固氮量(300Tg氮/年)
+
工业固氮量(125Tg氮/年)

>

厌氧氨氧化
+
反硝化作用产的氮气量
(合计350Tg氮/年)

注：Tg，读作"太克"，是一种公制质量单位。Tg = 10^{12}g 或 10^6 t，常用于描述气体的质量。

2. 反硝化的过程

反硝化与厌氧氨氧化技术一样，都是生物脱氮的最后一步。只有通过它们，才能把之前产生的硝态氮和亚硝态氮转化为氮气从污水中去除。

反硝化作用是由一系列生物酶推动的。它以硝态氮或亚硝态氮为起点，经过 3 ～ 4 个步骤才能把硝态氮转化为氮气。

$$NO_3^- \xrightarrow{\text{硝酸还原酶}} NO_2^- \xrightarrow{\text{亚硝酸还原酶}} NO \xrightarrow{\text{NO还原酶}} N_2O \xrightarrow{\text{N}_2\text{O还原酶}} N_2$$

其中，亚硝酸盐还原酶（NIR）也可将亚硝酸盐先还原为 NH_3，再进一步同化为有机氮。

反硝化过程中的中间产物 N_2O，是重要的温室气体。如果反硝化过程进行不完全，那最终的产物就可能是 N_2O。

（1）反硝化细菌的分类

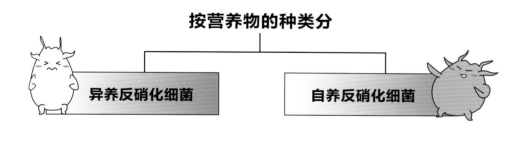

按营养物的种类分

异养反硝化细菌 　　 自养反硝化细菌

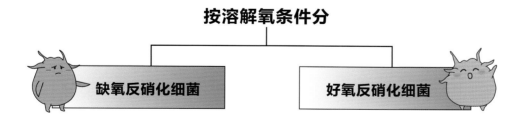

按溶解氧条件分

缺氧反硝化细菌 　　 好氧反硝化细菌

（2）主要的反硝化细菌

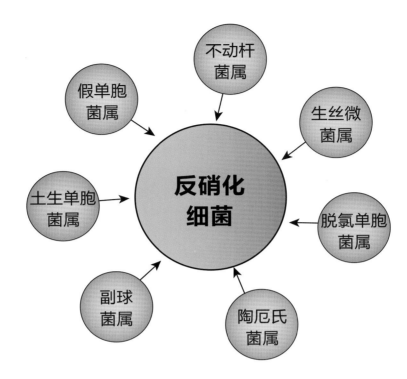

比较常见的反硝化细菌是一类兼性厌氧细菌。它们的呼吸链中有两套酶系统，可以在有氧条件下利用水中的 O_2 氧化有机物来获取能量，也可以在无氧条件下，以水中的亚硝酸盐和硝酸盐作为最终的电子受体。

反硝化反应可以用下式来表示。

$$2NO_2^- + 6H \longrightarrow N_2 + 2OH^- + 2H_2O$$

$$2NO_3^- + 10H \longrightarrow N_2 + 2OH^- + 4H_2O$$

二、反硝化作用原理（二）
Principles of denitrification

扫码观看 动画视频

异养反硝化细菌将硝酸盐和亚硝酸盐转化为氮气需要充足的碳源，由污水自身携带或人工投加的有机物就被称为碳源。

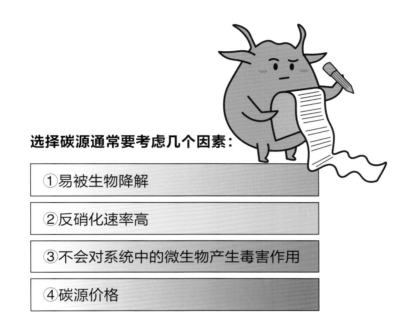

选择碳源通常要考虑几个因素：

①易被生物降解

②反硝化速率高

③不会对系统中的微生物产生毒害作用

④碳源价格

反硝化速率的计算是用硝态氮的变化量除以反应时间，通常有两种表示方式。

$$\frac{硝态氮的变化量}{反应时间}$$

①单位时间内，单位体积混合液去除的 $NO_3\text{-}N$ 量，单位一般为 $mgNO_3\text{-}N/（L·h）$。

②单位时间内，单位质量活性污泥去除的 $NO_3\text{-}N$ 量，单位一般为 $mgNO_3\text{-}N/（gVSS·h）$。

1. 反硝化的影响因素——碳源

碳源是反硝化过程中最主要的影响因素，可分为以下三种。

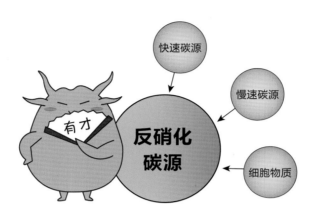

它们分别对应反硝化过程中速率明显不同的三个阶段。

（1）第一阶段

反硝化细菌优先以污水中易生物降解的可溶性有机物（如甲醇、乙醇、乙酸钠、挥发性有机酸等）为反硝化碳源。此时的反硝化速率最快，且只与反硝化细菌数量有关，与 NO_3-N 的浓度无关。

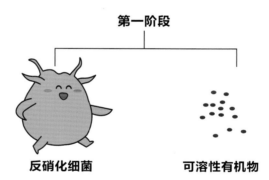

（2）第二阶段

随着易降解有机物的耗尽，反硝化速率逐渐降低，此时反硝化细菌开始利用颗粒态，以及结构相对复杂的可缓慢降解有机物 (如淀粉、蛋白质、大部分生活污水等)。

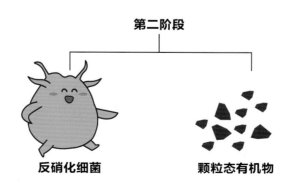

（3）第三阶段

此时可生物降解的有机碳源基本耗尽，反硝化细菌只能通过内源呼吸的代谢产物进行反硝化反应，此时的反硝化速率最慢。

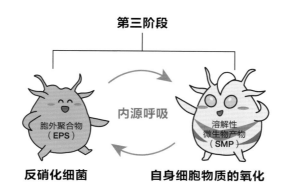

不同有机物下异养反硝化速率

碳源	特定反硝化速率 q_{DN}（20℃）/ [mgNO₃-N/（gVSS·h）]
易生物降解碳源 （甲醇、乙醇、挥发性脂肪酸、简单碳水化合物）	10±5
缓慢降解有机物	3±1
细胞内碳源	0.2～1

2. 不同外加碳源对反硝化速率的影响

快速碳源的反硝化速率最快，一般被用作加碳源。

常用的反硝化碳源

甲醇(CH_3OH)	乙醇（C_2H_5OH）
乙酸(CH_3COOH)	乙酸钠(CH_3COONa)

碳源投加量相同时，不同的碳源反硝化效果不同。乙酸是挥发性脂肪酸，能够直接被反硝化细菌利用，反硝化速率最快。而乙醇要先转化为乙酸，才能作为反硝化的电子供体，所以反硝化速率慢一些。

　　反硝化的实质是有机碳源向硝酸盐提供电子，使硝酸盐被还原。

　　所以碳源利用的难易程度及其能够提供的电子数量会影响反硝化的速率。以葡萄糖、甲醇、乙酸为例。

葡萄糖	$C_6H_{12}O_6 + 6H_2O \longrightarrow 6CO_2 + 24H$
甲醇	$CH_4O + 2H_2O \longrightarrow CO_2 + 8H$
乙酸	$CH_3COOH + 2H_2O \longrightarrow 2CO_2 + 8H$

　　可以看到，葡萄糖作为反硝化碳源时提供的电子数量更多，也更容易被微生物利用，所以从反硝化速率来说，以葡萄糖为碳源时更快一些。

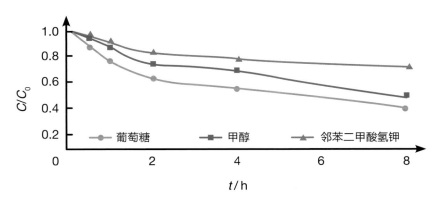

C/N 为 4 时有机碳源对硝酸盐去除的影响

注：图中横坐标为反应时间，纵坐标的 C/C_0 表示被反硝化利用后剩余碳源量与初始碳源量的比值，以碳源的消耗速率来表征反硝化速率。

图片来源：张丹华，黄琼琳，陈斌等. 不同有机物作为电子供体提高反硝化速率的比较 [J]. 上海师范大学学报（自然科学版），2013, 42(06): 635-640.

上图是初始硝酸盐浓度为 60mg/L、C/N 为 4 时，三种不同碳源对反硝化速率的影响。由图可知，以葡萄糖作为有机碳源时，硝酸盐的去除速率明显高于甲醇和邻苯二甲酸氢钾。

虽然一个邻苯二甲酸氢钾分子可以提供 30 个电子对，但它的分子结构是苯环与两个羧基相连，结构更稳定，难以被微生物利用，反硝化速率会慢一些。

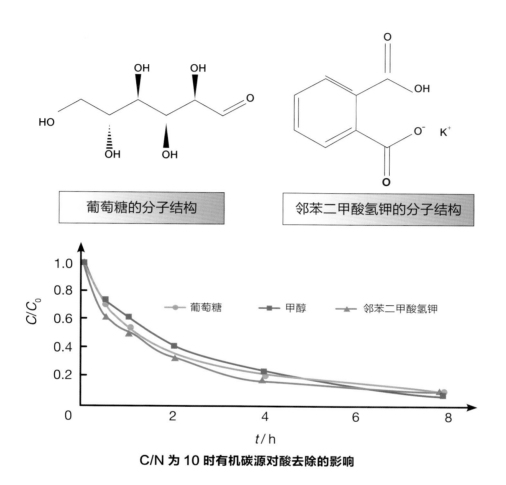

C/N 为 10 时有机碳源对酸去除的影响

上图中，由于有机碳源过剩，三种碳源均可以提供大量的电子，电子已经不是反硝化速率的限制因素了。所以，此时三种有机碳源对硝酸盐去除速率的影响趋同。

3.C/N 及其简单计算

各种碳源反硝化碳氮比

碳源	C/N（kgCOD/kgN）
污水	4.0 ~ 5.0
污泥（内源）	2.9 ~ 3.2
甲醇	3.5 ~ 4.1
乙酸	3.1 ~ 3.7
葡萄糖	3.2 ~ 3.8

在生物脱氮工艺中，COD/TN 表示去除单位 NO_3-N 需要的有机物量。理论上，将 1g 硝酸盐完全还原为氮气，需要满足 COD/NO_3-N 为 2.86。

但在实际中，除了反硝化过程需要消耗碳源，微生物的同化作用也需要消耗一定量的有机物。那么反硝化时需要满足 COD/NO_3-N 为 2.86/（1-Y_H），其中 Y_H 为不同碳源的污泥产率。

$$COD/NO_3-N=2.86/（1-Y_H）$$

由下表可以看出，投加乙酸时，污泥产率最小，所以它的 COD/TN 也最低。

三种碳源的污泥产率

指标	碳源		
	乙醇 C_2H_5OH	乙酸 CH_3COOH	乙酸钠 CH_3COONa
Y_H	0.41	0.19	0.22

资料来源：张丹华，黄琼琳，陈斌等. 不同有机物作为电子供体提高反硝化速率的比较 [J]. 上海师范大学学报（自然科学版），2013, 42(06): 635-640.

一般认为，脱氮系统的 C/N 控制在 4～6 就可以认为碳源充足。即每去除一个 N，需要 4～6 个 C，也可以直接取中间值 5。

下表为不同碳源对应的 COD 当量。

每克甲醇、乙醇、乙酸、乙酸钠、葡萄糖对应的 COD、BOD_5

项目	COD 当量 /（g/g）	BOD_5 当量 /（g/g）
甲醇	1.5	1.05
乙醇	2.08	1.5
乙酸	1.07	0.71
乙酸钠	0.78	0.52
葡萄糖	1.06	0.8

4. 其他影响反硝化的因素

（1）溶解氧（DO）

进行反硝化的兼性厌氧菌，在同一时刻只能利用同一种物质进行呼吸，氧气的存在会抑制反硝化的效果。所以在 O_2、NO_3^-、NO_2^- 同时存在的情况下，反硝化细菌总是优先利用 O_2。这也可以从能量获取效率角度来解释：当氧化1kg葡萄糖时，利用 O_2 可以产生更多的能量和后代，对于微生物的生存繁衍更为有利。

$$1kg\ 葡萄糖 + O_2 \longrightarrow 0.6kg\ 微生物$$

$$1kg\ 葡萄糖 + NO_3^- \longrightarrow 0.4kg\ 微生物$$

$$1kg\ 葡萄糖 + O_2 \longrightarrow 1512kcal\ 能量$$

$$1kg\ 葡萄糖 + NO_3^- \longrightarrow 1402kcal\ 能量$$

（2）pH和碱度

反硝化过程会产生碱度，1g硝酸盐转化为氮气，约产生碳酸钙碱度3.57g，可以缓冲污水中pH的变化。反硝化细菌最适宜的pH为7.0～7.5的中性或微碱性环境，当pH < 6.0或pH > 8.0时，反硝化细菌的活性会减弱。此外，pH还会影响反硝化过程中产物的释放，偏酸性环境会导致 N_2O 的积累。

最适宜的pH为7.0～7.5

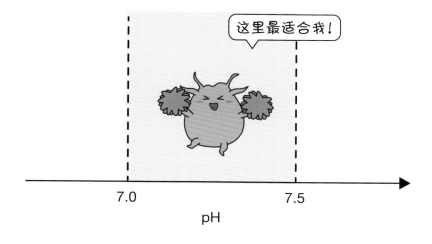

7.0　　7.5

pH

（3）温度

反硝化细菌进行反硝化最适宜的温度为 15～35℃，当温度低于 10℃ 或高于 40℃ 时反硝化速率会降低，当温度小于 3℃ 时反硝化停止。

最适宜的温度为15～35℃

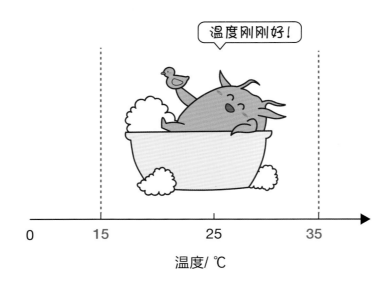

（4）有毒物质

由于性价比高，现在很多污水厂会使用复合碳源。但是复合碳源的来源和成分比较复杂，所以在投加前需要进行小试，避免对系统内的微生物产生抑制，或者危害到后半段的硝化系统。

复合碳源投加前需要进行小试

三、怎样计算缺氧池的脱氮率

How to calculate the denitrification rate of anoxic pond

1. 计算公式及参数

缺氧池脱氮率的计算公式为

$$
\text{总氮去除率}（\mu）= \frac{\text{进水总氮浓度（}C_0\text{）}-\text{出水总氮浓度（}C_1\text{）}}{\text{进水总氮浓度（}C_0\text{）}}
$$

系统的进水流量为 Q，污泥回流比 r 为 100%，硝化液回流比 R 为 180%。

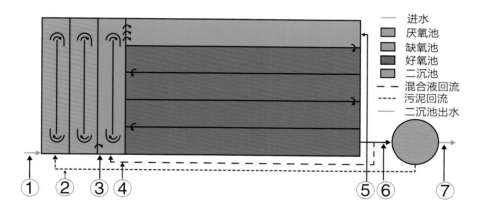

图例：
- ── 进水
- 厌氧池
- 缺氧池
- 好氧池
- 二沉池
- ─ ─ 混合液回流
- ‑ ‑ ‑ 污泥回流
- ── 二沉池出水

①生物池进水　②污泥回流　③厌氧池出水　④混合液回流　⑤缺氧池出水
⑥好氧池出水　⑦二沉池出水

2. 缺氧池输入的硝态氮总量（污泥回流＋硝化液回流）

从二沉池到厌氧池的污泥回流流量为

$$r \times Q$$

厌氧池输入缺氧池的实际径向流量为

$$（1+r）\times Q$$

C_1 表示厌氧池出水中的硝态氮浓度，则厌氧池输入到缺氧池的总硝态氮为

$$（1+r）\times Q \times C_1$$

C_2 表示硝化液回流的硝态氮浓度，则好氧池回流到缺氧池的硝化液中，硝态氮输入量为

$$R \times Q \times C_2$$

计算可得，缺氧池的总硝态氮输入量为

$$(1+r)\times Q\times C_1+R\times Q\times C_2$$

3. 缺氧池出水的硝态氮总量

进水流量为 Q、污泥回流流量为 $r\times Q$、硝化液回流流量为 $R\times Q$，此时缺氧池真正的径向流量为

$$(1+r+R)\times Q$$

缺氧池出口的硝态氮浓度为 C_3，由此可以计算出缺氧池出口位置的硝态氮总量为

$$(1+r+R)\times Q\times C_3$$

4. 缺氧池的脱氮量

缺氧池的脱氮量＝进水硝态氮总量－出水硝态氮总量，由此可以计算出缺氧池的硝态氮去除量为

$$(1+r) \times Q \times C_1 + R \times Q \times C_2 - (1+r+R) \times Q \times C_3$$

在缺氧池中，去除的总氮包括了微生物的反硝化作用和细胞合成消耗的氮。在更精细的计算中，还可以把细胞增殖所消耗的这部分氮也加入总的脱氮贡献中。

四、生化系统脱氮池容的确定
Nitrogen removal pond capacity of biochemical system

扫码观看 动画视频

以异养脱氮工艺为例，污水生化处理的氮循环包含以下几步。

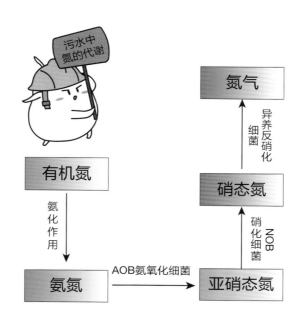

一般有机物的氨化过程非常快，很容易实现，异养菌在降解 COD 的过程中，厌氧过程和好氧过程都会伴随着氨化作用。

1. 缺氧区的池容计算

根据最新版《室外排水设计标准》（GB 50014—2021）中对活性污泥法的介绍，缺氧区的池容可按下列公式计算。

$$V_n = [0.001Q(N_k - N_{te}) - 0.12\Delta X_v]/K_{de}X \tag{1}$$

$$K_{de}(T) = K_{de}(20) \times 1.08^{(T-20)} \tag{2}$$

$$\Delta X_v = YQ(S_0 - S_e)/1000 \tag{3}$$

式中：

V_n——缺氧区（池）容积，m^3；

Q——生物反应池的设计流量，m^3/d；

N_k——生物反应池进水总凯氏氮浓度，mg/L；

N_{te}——生物反应池出水总氮浓度，mg/L；

ΔX_v——排出生物反应池系统的微生物量，kgMLVSS/d；

K_{de}——脱氮速率，kgNO$_3$-N/（kgMLSS·d），宜根据实验资料确定；当没有实验资料时，20℃时的 K_{de} 值可采用 0.03～0.06kgNO$_3$-N/（kgMLSS·d），并按公式（2）进行温度修正；

X——生物反应池内混合液悬浮固体平均浓度，gMLSS/L；

K_{de}（T）、K_{de}（20）——分别为 T℃和 20℃时的脱氮速率；

T——设计温度，℃；

Y——污泥产率系数，kgVSS/kgBOD$_5$，宜根据实验资料确定。没有实验资料时可取 0.3～0.6；

S_0——生物反应池进水五日生化需氧量浓度，mg/L；

S_e——生物反应池出水五日生化需氧量浓度，mg/L。

上述公式可简化为缺氧池容＝总氮÷硝氮污泥负荷÷污泥浓度。受制于温度不同，微生物的硝态氮污泥负荷不同，需要根据温度校正系数调整污泥负荷取值。

以 1000m³/d 的印染废水为例：

项目	COD	BOD	氨氮	总氮
气浮后废水／（mg/L）	2000	800	100	150
生化要求出水／（mg/L）	≤ 200	≤ 10	≤ 5	≤ 10
污染物去除总量／（kg/d）	1800	790	95	140

硝态氮总量按照总氮取 140kg/d，硝态氮负荷取 0.04kgNO$_3$-N/（kgMLSS·d），污泥浓度取 5g/L，则缺氧池容＝总氮÷硝氮污泥负荷÷污泥浓度＝ 140÷0.04÷5 ＝ 700m³。

2. 好氧区的池容计算

根据《室外排水设计标准》（GB 50014—2021）的计算方法，好氧区的池容可按下列公式计算。

$$V_0 = Q（S_0-S_e）\theta_{co}Y_t/1000X \tag{4}$$

$$\theta_{co} = F×1/\mu \tag{5}$$

$$\mu = 0.47×\left[N_a/（K_n + N_a）\right]×e^{0.098（T-15）} \tag{6}$$

式中：

V_0——好氧区（池）容积，m³；

Q——生物反应池的设计流量，m^3/d；

S_0——生物反应池进水五日生化需氧量浓度，mg/L；

S_e——生物反应池出水五日生化需氧量浓度，mg/L；

θ_{co}——好氧区（池）设计污泥龄，d；

Y_t——污泥总产率系数，$kgMLSS/kgBOD_5$，宜根据试验资料确定；无试验资料时，系统有初次沉淀池时宜取 0.3～0.6，无初次沉淀池时宜取 0.8～1.2；

X——生物反应池内混合液悬浮固体平均浓度，gMLSS/L；

F——安全系数，宜为 1.5～3.0；

μ——硝化细菌比生长速率，d^{-1}；

N_a——生物反应池中氨氮浓度，mg/L；

K_n——硝化作用中氮的半速率常数，mg/L；

T——设计温度，℃，15℃时，硝化细菌的最大比生长速率为 0.47/d。

好氧区兼顾除碳、降氨氮的双重作用，因此设计中要同时考虑这两个因素。

简易算法为

① BOD 降解负荷取 0.05～0.1kgBOD/（kgMLSS·d），则 BOD 的降解池容 V_1 = BOD 总量 ÷ BOD 降解负荷 ÷ 污泥浓度。

②氨氮的降解负荷取 0.01～0.05kgNH$_3$-N/（kgMLSS·d），则氨氮的降解池容 V_2 = 氨氮总量 ÷ 氨氮降解负荷 ÷ 污泥浓度。

由于 BOD 和氨氮同时在好氧区降解转化，因此最终好氧区容积取 V_1 和 V_2 中较大者。

以 1000m³/d 的印染废水为例：

项目	COD	BOD	氨氮	总氮
气浮后废水 /（mg/L）	2000	800	100	150
生化要求出水 /（mg/L）	≤ 200	≤ 10	≤ 5	≤ 10
污染物去除总量 /（kg/d）	1800	790	95	140

BOD 总量取 790kg/d，BOD 负荷取 0.1kgBOD/（kgMLSS·d），污泥浓度取 5g/L，则 V_1 = BOD 总量 ÷ BOD 降解负荷 ÷ 污泥浓度 = 790÷0.1÷5 = 1580m³。

印染废水的总氮主要包含有机氮和氨氮，基本没有硝态氮，有机氮会全部转化成氨氮。所以氨氮总量的取值参照总氮取 140kg/d，氨氮负荷取 0.02kgNH$_3$-N/（kgMLSS·d），污泥浓度取 5g/L，则 V_2 = 氨氮总量 ÷ 氨氮降解负荷 ÷ 污泥浓度 = 140÷0.02÷5 = 1400 m³。

综上，好氧池容选 V_1 = 1580m³。

3. 注意事项

　　《室外排水设计标准》（GB 50014—2021）比较适用于市政污水厂的设计，工业企业需酌情取值。

　　不同行业的废水性质不同，处理难度也不同，相应的 BOD、氨氮、硝态氮污泥负荷取值也不同。

　　不同污水处理工艺的设计负荷取值也不同，生物膜法由于填料载体的加持，可进一步放大微生物的处理能力。同活性污泥法相比，其污染物去除负荷可提升至约 1.5 倍，在污染物去除总量相同的情况下，反应器容积减少约 1/3。

五、新型脱氮技术简介
Introduction to new nitrogen removal technology

扫码观看 动画视频

1. 厌氧氨氧化技术

（1）工艺原理

传统的生物脱氮过程如下。

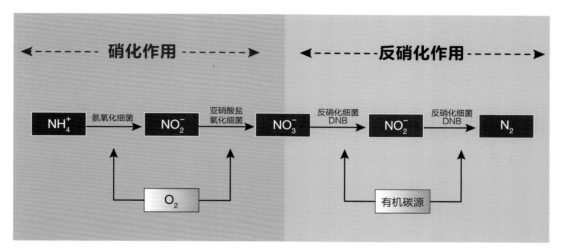

传统生物脱氮过程

厌氧氨氧化（Anammox）工艺：在厌氧或缺氧条件下，厌氧氨氧化细菌（AnAOB）以氨作为电子供体，亚硝酸盐作为电子受体，将氨氮转化为氮气。

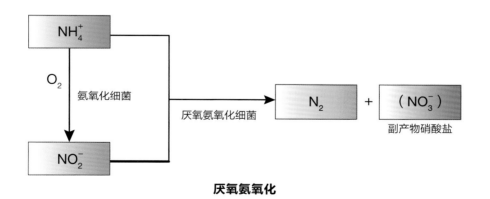

厌氧氨氧化

厌氧氨氧化是不需要有机物参与，就能实现脱氮功能的微生物降解活动。适用于高氨氮、低 COD 的工业废水和本身缺乏碳源的污水的处理。

厌氧氨氧化在热力学上是一个放能反应，能产生大量的能量。

$$NH_4^+ + NO_2^- \Longrightarrow N_2 + 2H_2O \qquad \Delta G_0' = -86kcal$$

（2）厌氧氨氧化细菌简介

厌氧氨氧化细菌（AnAOB）是严格厌氧自养菌，其具有的独特细胞器：厌氧氨氧化体，位于细胞中央，体积占到细胞的一半以上。

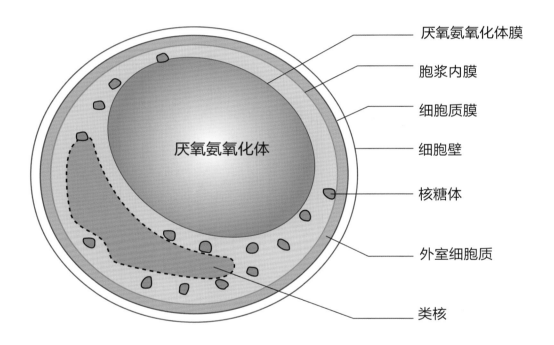

AnAOB 细胞结构示意图

图片来源：王亚宜，黎力，马骁等．厌氧氨氧化菌的生物特性及 CANON 厌氧氨氧化工艺 [J]．环境科学学报，2014, 34(06): 1362-1374.

厌氧氨氧化体是厌氧氨氧化细菌的能量代谢中心，作用类似于真核细胞的线粒体。其特殊的双层结构能降低膜的渗透性，提高抗泄漏能力，防止中间代谢产物，如联氨和质子的逸散。

（3）厌氧氨氧化细菌的能量和物质代谢（包括能量代谢途径、CO_2 固定和细胞合成）

在 AnAOB 的厌氧氨氧化体中会发生以下反应：亚硝酸先被亚硝酸还原酶转化成一氧化氮，再由联氨合成酶将氨与一氧化氮结合为联氨，之后联氨被氧化成氮气，并将反应释放的能量以 ATP 的形式储存起来。

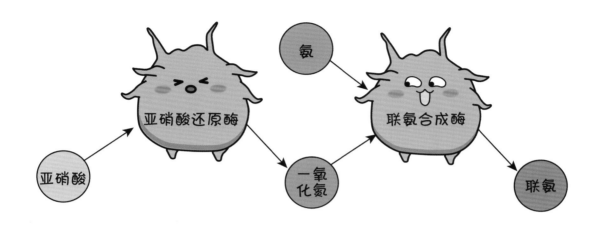

厌氧氨氧化细菌和硝化细菌同属化能自养细菌，是以 CO_2 或 HCO_3^- 为基质合成细胞必需的生物大分子。在这个过程中会额外消耗由分解代谢所产生的能量。由分解代谢所获得的能量一部分被厌氧氨氧化细菌用来进行 CO_2 固定，另一部分被用来进行合成代谢。

$$0.27NO_2^- + 0.066HCO_3^- \longrightarrow 0.26NO_3^- + 0.066CH_2O_{0.5}N_{0.15}$$

2. 硫自养反硝化技术

（1）自养反硝化简介

自养反硝化以无机物（氢气、零价铁、硫等）为电子供体，以无机化合物（碳酸根、碳酸氢根）为无机碳源，将硝酸盐和亚硝酸盐逐步还原为氮气。

扫码观看 动画视频

基于电子供体种类不同，可以将自养反硝化分为以下三类。

硫自养反硝化：一些能够以无机化合物（CO_3^{2-}、HCO_3^-、CO_2）为碳源的硫自养反硝化细菌将硫单质、硫化氢、硫代硫酸盐和硫的化合物等作为电子供体，将硝酸盐作为电子受体，将硝态氮还原为氮气，同时硫被氧化为硫酸根。

硫自养反硝化工艺所使用的电子供体可分为以下三类。

单质硫粉生物毒性小，硫成分含量高，成本较低，易制备、存放和运输，已经逐渐成为硫自养反硝化工艺的首选电子供体。

（2）硫自养反应的影响因素

①粒径：单质硫粉的颗粒尺寸是影响固液传质效率的主要因素。小粒径的单质硫颗粒可以提供更大的比表面积给微生物菌群，也更有益于提高反应的传质效率。

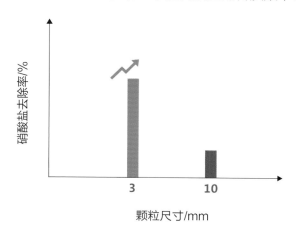

②温度：反应温度影响硫自养反硝化细菌的功能酶活性，研究显示，当温度处于28～30℃时，可达到最高的硝酸盐去除率。

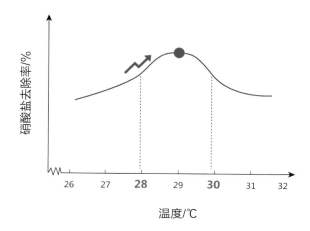

③ pH：硫自养反硝化菌群可在 pH 为 4.0 ～ 9.5 时生长，其中最佳反应 pH 范围为 6.5 ～ 7.0。

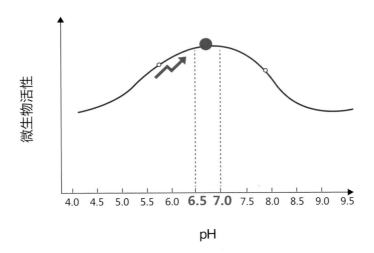

④碱度：硫自养反硝化过程会消耗溶液中的碱度，理论上完全还原 1mg 硝酸盐会生成 7.54mgSO_4^{2-}，同时消耗 4.57mg$CaCO_3$。

石灰石被广泛用作硫自养反硝化过程中的 pH 缓冲和自养生长的无机碳源。

（3）硫自养反硝化的优势

①不需要外部碳源，可以减少脱氮过程的成本，出水无残余有机物的风险。

②反应产生的生物量很低，最大限度地减少了后续的污泥处理量，降低了出水微生物污染。

六、生物除磷原理
Principle of biological phosphorus removal

扫码观看 动画视频

聚磷菌是具有除磷功能微生物的统称，其广义上的成员如下。

聚磷菌既可以在有氧、缺氧条件下，也可以在厌氧条件下进行一定的代谢活动，但是其代谢链在单独的环境中是不完整的。简单来说，它把自身的代谢划分为两个阶段，即厌氧释磷和好氧吸磷。

1. 厌氧释磷

厌氧环境中，聚磷菌的厌氧代谢主要由 4 个生化途径组成：挥发性脂肪酸的吸收、聚磷颗粒的水解、糖原的降解及内源代谢维持。

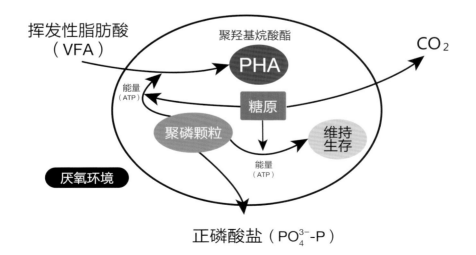

以乙酸为例，首先，聚磷菌消耗一定量的 ATP 把乙酸直接吸收进细胞内。这个过程使用的能量来源于聚磷菌体内聚磷酸盐的水解，同时会释放代谢产物磷酸盐。

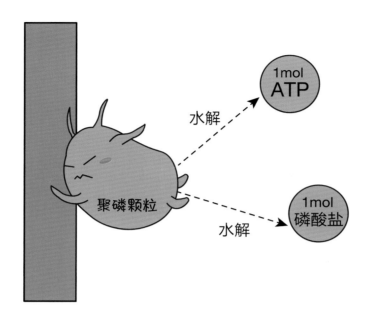

在一定范围内，该能量消耗随着 pH 值的升高而增大，原因可能是高的外部 pH 值增加了 VFA 穿过细胞膜的能量需求，导致释磷量增加。

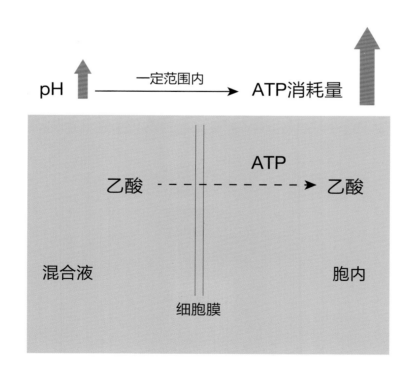

被聚磷菌吸收的 VFA 在细胞内先转变为乙酰辅酶 A，再转变为 PHA 聚羟基烷酸酯。同时，糖原会降解生成 ATP 和 $NADH_2$（还原型辅酶Ⅱ），可以为乙酰辅酶 A 转化为 PHA 提供所需的还原力。

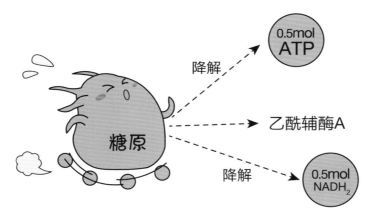

在厌氧环境中，聚磷菌的代谢受到抑制，无法直接利用环境中的碳源进行生物氧化，这时它们用于维持生存及内源代谢的能量也来源于体内聚磷颗粒的水解。

在这一阶段，虽然可以快速吸收碳源（VFA），但不能立刻使用，而是加工成"盒饭"打包，等到厌氧阶段结束，进入好氧阶段时，才会开始一场"饕餮盛宴"。

厌氧与好氧的转换可以看作是聚磷菌世界里的"季节"更替。当时间进入好氧期，混合液中充斥着新鲜的氧气泡泡，聚磷菌就开始分解体内储存的 PHA，进行正常的生物代谢与新细胞的合成。

2. 好氧吸磷

在好氧环境中，聚磷菌就开始分解体内储存的 PHA，进行正常的生物代谢与新细胞的合成。

PHA 分解产生的乙酰辅酶 A，除了用于聚磷菌的合成代谢，还会被用来重新合成糖原。而同样由 PHA 分解产生的 $NADH_2$，则会通过氧化磷酸化生成 ATP。

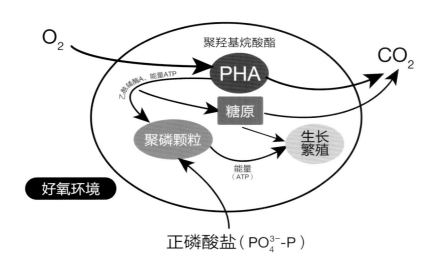

聚磷菌会超出其生理需要,使用其中的部分能量把胞外的磷酸盐运输到体内合成聚磷颗粒,形成高含磷污泥。通过排放高含磷污泥即可达到从污水中除磷的目的。同时也完成了一个新的储能过程,为进入下一个厌氧周期做准备。

七、化学除磷原理和计算

Principle and calculation of chemical phosphorus removal

扫码观看 动画视频

1. 磷与富营养化

磷是生命活动的必需元素，也是一种稀有的不可再生资源。由于含磷洗涤剂的广泛使用，我国城市污水中普遍含有 5 ～ 10mg/L 的磷。如果不加以处理就进入湖泊、河口、海湾等扩散能力差的缓流水体，会引起藻类及其他浮游生物迅速繁殖。

无处落脚！

2. 总磷的测定

作为一种化学性质活泼的元素，磷在自然界中以含磷有机物、无机磷化合物及还原态磷化氢（PH_3）这三种形态存在。污水中的含磷化合物主要分为有机磷与无机磷两类。

无机磷主要是各种磷酸盐，包括正磷酸盐、偏磷酸盐，以及焦磷酸盐、三聚磷酸盐等聚合磷酸盐。正磷酸盐是由磷酸与钠、钾、钙、镁等形成的盐类，它的主要结构是由一个磷原子和4 个氧原子组成的正磷酸根，是自然界中最常见的磷酸盐。

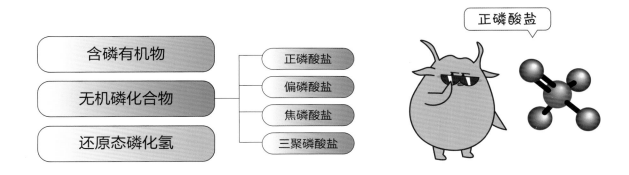

正磷酸盐

含磷有机物

无机磷化合物 ── 正磷酸盐 / 偏磷酸盐 / 焦磷酸盐 / 三聚磷酸盐

还原态磷化氢

污水中的有机磷大多来源于有机磷农药。当前市面上使用的含磷农药有丙溴磷、马拉硫磷等，其主要以不溶于水的胶体和颗粒态存在，易溶于有机溶剂。可溶性有机磷包括葡萄糖-6-磷酸、磷肌酸等。

总磷是反映污水中磷含量水平的指标。中性条件下利用过硫酸钾的强氧化性，在120℃以上加热消解30min，把水样中的有机磷、无机磷、颗粒态磷氧化成正磷酸盐。然后在酸性介质和锑盐存在的情况下，正磷酸盐与钼酸铵反应生成磷钼杂多酸，再被抗坏血酸还原成蓝色络合物。之后测定其在700nm波长下的吸光度，根据校准曲线就可以得到对应的磷含量了。

3. 污水中磷的去除

污水中磷的去除有生物法和化学沉淀法两种方式。生物法利用的是聚磷菌厌氧释磷、好氧吸磷的代谢特性，在好氧阶段将污水中的正磷酸盐转化成聚合磷酸盐储存在细胞内，以剩余污泥的形式从系统中排出（具体内容可参考本册第六节：生物除磷原理）。

化学除磷是利用可溶性磷易分别与 Ca^{2+}、Al^{3+}、Fe^{3+} 等结合，生成羟基磷灰石［$Ca_5(OH)(PO_4)_3$］、磷酸铝（$AlPO_4$）、磷酸铁（$FePO_4$）等难溶物质的特性，将其转化为不溶于水的无机磷颗粒，再通过沉淀和絮凝作用将无机磷从污水中去除。使用较多的除磷药剂有铝盐、铁盐、亚铁盐、熟石灰、铁铝聚合物等。

4. 除磷剂投加量计算

以聚合氯化铝（PAC）为例，讲解除磷剂投加量的计算。根据下面这个反应式可知，为了去除一个正磷酸根，需要"喂给"它一个铝离子来生成磷酸铝沉淀。由于铝的分子量为27，磷的分子量为31，两者的质量比为0.87，所以去除 1kg 磷至少需要 0.87kg 的铝。

$$Al^{3+} + PO_4^{3-} \longrightarrow AlPO_4 \downarrow \quad pH=6 \sim 7$$

在现实中，上述反应并不是 100% 有效进行的，并且污水中的 OH^- 会与磷酸根"竞争"铝离子，生成不溶于水的氢氧化铝。所以 PAC 一般需要超量投加才能保证达到需要的出水磷浓度。

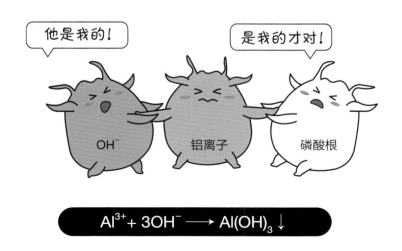

$$Al^{3+} + 3OH^- \longrightarrow Al(OH)_3 \downarrow$$

为了计算 PAC 的实际投加量，引入了投加系数这个概念。在投加地点适宜、混合良好的理想条件下，投加系数取 1；而在非最佳条件下，投加系数一般取 2～3。在实际使用时，要结合小试试验来确定。

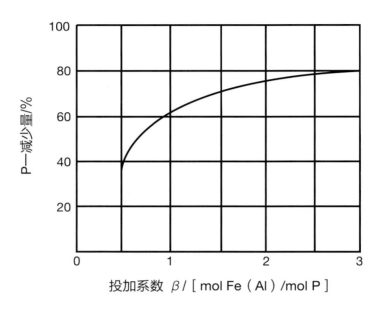

在无干扰因素时药剂投加系数和磷去除量的关系

当投加系数取 2.5 时，为了去除 1kg 磷，实际需要的铝量为 2.5×（27÷31）＝ 2.18kg。

处理水量	进水总磷	生物处理后总磷	出水总磷指标	需化学除磷去除的量
2000m³/d	10mg/L	2.5mg/L	≤ 0.5mg/L	4kg
每天需化学除磷去除的量：2000m³×2mg/L ＝ 4000g ＝ 4kg				
购买的 PAC 中 Al₂O₃ 的有效含量	**Al₂O₃ 中铝元素的质量比**	**PAC 中的铝含量**	**所需的 PAC 质量**	
一般为 28%	52.9%	28%×52.9% ＝ 14.8%	58.9kg	
为了去除 4kg 磷实际需要的 PAC 质量：4kg×2.18kg÷14.8% ＝ 58.9kg				

需要注意的是，投加系数只适用于向出水中投加 PAC 的后置沉淀方式。在实际使用时，PAC 投加的最适宜 pH 为 6.0 ~ 7.0，由于与铝盐反应的是溶解性的正磷酸盐，因此实际投加量还受到进水中磷种类的影响，其值需要结合小试试验来确定。

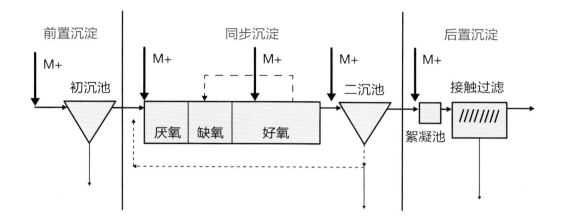

主要参考文献

[1] KUYPERS M M M, MARCHANT H K, KARTAL B.The microbial nitrogen-cycling network[J]. Nature Reviens Mirobiology, 2018, 16(5).

[2] 张丹华，黄琼琳，陈斌，等 . 不同有机物作为电子供体提高反硝化速率的比较 [J]. 上海师范大学学报（自然科学版），2013, 42(6): 635-640.

[3] 杨敏，孙永利，郑兴灿，等 . 不同外加碳源的反硝化效能与技术经济性分析 [J]. 给水排水，2010,46(11): 125-128.

[4] 王亚宜，黎力，马骁，等 . 厌氧氨氧化菌的生物特性及 CANON 厌氧氨氧化工艺 [J]. 环境科学学报，2014, 34(6): 1362-1374.

[5] 王晓莲，彭永臻 . A^2/O 法污水生物脱氮除磷处理技术与应用 [M]. 北京：科学出版社，2009.

[6] 田敏，崔涛，吕恺，等 . 西安市第四污水处理厂 A^2/O 工艺的脱氮性能评价 [J]. 中国给水排水，2020, 36(13): 036.

[7] 住房和城乡建设部 . 室外排水设计标准：GB 50014—2021[S]. 北京：中国计划出版社，2021: 4.

[8] JANSSEN P M J. 生物除磷的设计与运行手册 [M]. 祝贵兵，彭永臻，译 . 北京：中国建筑工业出版社，2005.

[9] 高廷耀，顾国维，周琪 . 水污染控制工程 [M]. 北京：高等教育出版社，2015.

菌主笔记

林彦徐　胡金龙　刘君　编著

6

微生物镜检篇

MicroJun

中国环境出版集团·北京

图书在版编目（CIP）数据

菌主笔记. 6，微生物镜检篇 / 林彦徐，胡金龙，刘
君编著. -- 北京 ：中国环境出版集团，2024.5
ISBN 978-7-5111-5867-3

Ⅰ．①菌… Ⅱ．①林… ②胡… ③刘… Ⅲ．①污水处
理－微生物检定－普及读物 Ⅳ．①X703-49

中国国家版本馆CIP数据核字(2024)第101886号

出 版 人　武德凯
责任编辑　梅　霞
装帧设计　宋　瑞

出版发行　中国环境出版集团
　　　　　（100062　北京市东城区广渠门内大街 16 号）
　　　　　网　　址：http://www.cesp.com.cn
　　　　　电子邮箱：bjgl@cesp.com.cn
　　　　　联系电话：010-67112765（编辑管理部）
　　　　　　　　　　010-67147349（第四分社）
　　　　　发行热线：010-67125803，010-67113405（传真）
印　　刷　玖龙（天津）印刷有限公司
经　　销　各地新华书店
版　　次　2024 年 5 月第 1 版
印　　次　2024 年 5 月第 1 次印刷
开　　本　889×1194　1/16
印　　张　16.25
字　　数　380 千字
定　　价　199.00 元（全 6 册）

FOREWORD

序　言

　　随着我国环境保护行业从增量市场向存量运营市场的转变，生化系统的稳定运行和控制成为环境保护行业的一大痛点，当前我国环境污染治理依然任重道远。

　　为实现发展生产力这一目标，我们必须加快人才培养速度。"小菌主"创作团队就是因这一初心而创建的。8 年来我们一直致力于利用微生物进行污水处理，在日复一日的工作实践中，我们积累了许多实战经验，也对污水处理行业的现状产生了一些思考。随着自媒体兴起，我们就想或许可以借助自媒体平台做一些有价值的输出，一来可以与同行交流经验；二来可以帮助一些新入行或者将要入行的朋友更快地了解微生物污水处理。

　　污水处理看似简单，实则涵盖了多学科知识，不仅涉及多样化的设备使用、复杂的药剂使用、严格的工艺流程等，还涉及微生物学、化学、药剂学、工程学等诸多学科，值得科普的内容实在太多了。随着我们制作的视频数量越来越多，后台粉丝朋友留言催更的声音也越来越大。再后来，越来越多的粉丝朋友在后台留言，希望我们把视频内容整理成书，以便大家在工作实践中参考，《菌主笔记》便由此而来。为了让叙述生动形象，我们还设计了一整套"小菌宝"形象，它们在书中分别代表各类微生物、污染物质和"小菌主"（作者）。

《菌主笔记》目前一共有 6 册，分别是工艺演化篇、碳转化路径篇、厌氧生物处理篇、硝化与反硝化作用篇（上）、硝化与反硝化作用篇（下）和微生物镜检篇。本册是微生物镜检篇。污水微生物以菌胶团的形式存在，借助显微镜，我们既可以一睹菌胶团的真容，又能看到各种有趣的原生动物和后生动物，以及让人既怕又爱的丝状菌。污水处理行业有个说法："显微镜就像是'污师'（污水处理工程师）身上携带的佩剑，有了它'污师'们就可以自由驰骋于各个污水处理厂"。

　　最后，感谢《菌主笔记》的所有创作人员（主要编写人员：林彦徐、胡金龙、刘君；其他编写人员：王宁波、叶振琴、金宇晨、汤燕红、徐颖）。同时，由于作者水平有限，书中难免存在不当之处，恳请大家批评指正，我们一定听取建议，完善修正。

小菌主环境科技（武汉）有限公司《菌主笔记》创作团队

2024 年 3 月 31 日

CONTENTS

目　录

一、显微镜的结构
Microscope construction

光学显微镜的种类很多,主要有明场显微镜(普通光学显微镜)、暗视野显微镜、荧光显微镜、相差显微镜、激光扫描共聚焦显微镜、偏光显微镜、微分干涉差显微镜、倒置显微镜。

光学显微镜通常由光学部分、照明部分和机械部分组成。光学部分是最关键的,它由目镜和物镜组成。

我们进行微生物镜检时通常使用的是明场显微镜,明场显微镜的价格从几百到上万不等,但它们的基本原理都是一样的。

明场显微镜

相差显微镜

荧光显微镜

最早的显微镜是由一个叫亚斯·詹森的眼镜制造匠人于1590年前后发明的,这个显微镜是用一个凹镜和一个凸镜做成的,制作水平还很低。

时隔90多年,显微镜又被荷兰人列文·虎克研究成功了,并且开始真正地用于科学研究实验。他使用当时最先进的镜片磨制技术制造出来的显微镜,可以将标本放大275倍,他还利用其制造的显微镜在1675年首次观察到了原生动物,从此将微观领域带入了人类的视野。

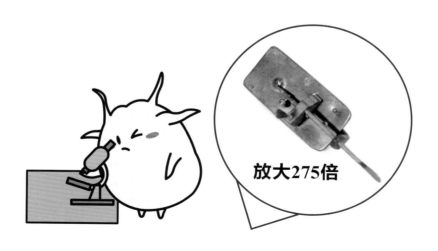

放大275倍

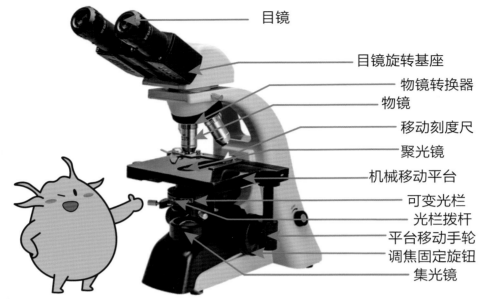

目镜

目镜旋转基座

物镜转换器

物镜

移动刻度尺

聚光镜

机械移动平台

可变光栏

光栏拨杆

平台移动手轮

调焦固定旋钮

集光镜

注：图片来源网络。

　　350 年后的今天，显微镜技术与那时已经不可同日而语了，但最常见的光学显微镜本质上仍然是两个凸透镜的组合。从显微镜下部光源发出的光线，通过集光镜后，变得均匀、柔和，再通过阿贝聚光镜将光线汇聚在待观察的标本上。

集光镜

聚光镜

NA 1.26

　　经过"预处理"的光线，先经过物镜把标本进行第一次放大，形成一个倒立的实相，再通过目镜对这个实相进行二次放大。显微镜的放大倍数等于物镜的放大倍数乘以目镜的放大倍数。

物镜 40倍 × 目镜 10倍 = 总放大倍数 400倍

物镜一般有 4 倍、10 倍、40 倍和 100 倍 4 种放大倍数，每一个镜头就对应一个放大倍数。越短的放大倍数越小，越长的放大倍数越大。这些镜头用旋转螺纹固定在物镜转盘上。如果要切换物镜的放大倍数，旋转物镜转换器即可。

而目镜就是我们用眼睛进行观察的一组镜头。它们不带螺纹，是直接放置到镜筒口里的，根据需要可以很方便地进行更换。目镜有 10 倍和 16 倍两种。目镜是放大倍数越大，镜头越短；放大倍数越小，镜头越长。

物镜　有4倍、10倍、40倍、100倍4种

目镜　有10倍和16倍两种

粗调手轮，用于寻找目标观察物；在找到观察物后，通过旋转微调手轮可以让视野更清晰。

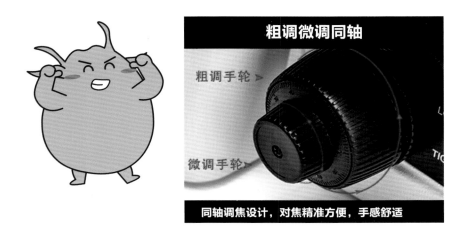

粗调微调同轴

粗调手轮 ▶

微调手轮 ▶

同轴调焦设计，对焦精准方便，手感舒适

载物台，用于放置需要观察的样品。通过调节横轴和纵轴手轮，控制载玻片中的样品前后左右移动。

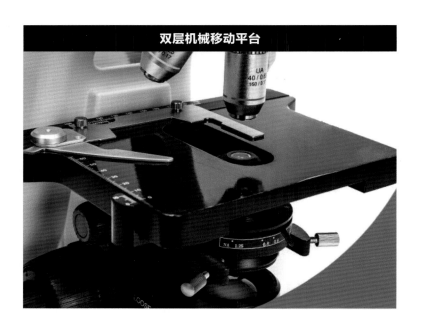

　　最下面是光源，把电源插上，开关打开，它就亮了。

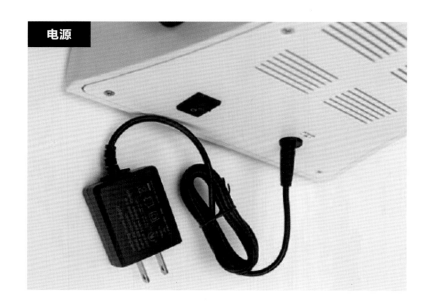

二、光学显微镜的使用方法
The use of microscopes

1. 镜检倍数的选择

　　光学显微镜通常有 4 个物镜和 2 个目镜，可以组合成不同的放大倍数。例如，物镜 4 倍和目镜 10 倍组合为 40 倍，物镜 10 倍和目镜 10 倍组合为 100 倍。也可以选择更大的倍数，如物镜 40 倍和目镜 10 倍组合为 400 倍。

　　为了观察原生动物和后生动物，我们一般用 100 倍、400 倍和 640 倍的放大倍数比较多，如果想辨认一些个体特别小的微生物，还需要用到 1000 倍。

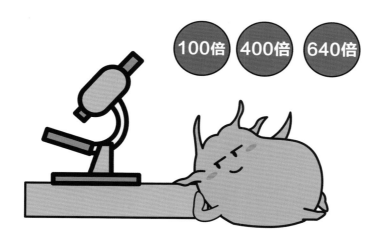

100倍　400倍　640倍

　　在进行镜检观察时，一般先用低倍镜观察，再慢慢转到高倍镜。因为刚开始寻找目标物时需要更大的视野，以便找到更多的原生动物和后生动物，所以放大倍数要小。等我们在低倍镜视野下找到了目标物，想看得更清楚，就可以接着扩大放大倍数了。

由低到高。

2. 镜检前的准备工作

取样要求

①常规镜检的取样位置在曝气池出水口附近，水面下 10cm 左右为宜；当需要把握曝气池整体污泥状况时，应采取多点取样的方式，选取点应具有代表性，同时记录取样位置和取样时间。

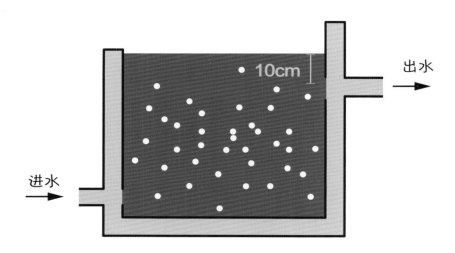

②采样应为曝气均匀的污泥混合液，或者是取样后在烧杯中静置 10~15min 的混合液下层污泥，建议镜检时取用均匀的污泥混合液。

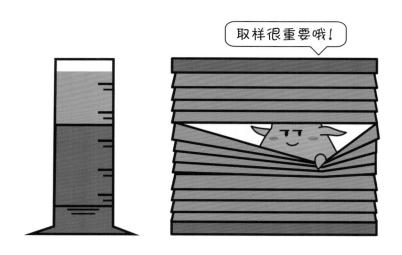

③为使镜检更具真实性并保持污泥的活性，应在取样后30min内完成镜检并进行真实描述。

④先用胶头滴管吸取泥样，然后轻轻地挤出一滴（约0.05ml）于载玻片上，盖上盖玻片时应使泥样均匀布满，不可存在气泡。同时，应保证盖玻片和载玻片清洁无油。

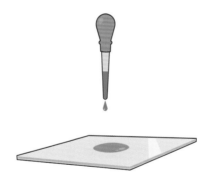

如果需要移动显微镜，要右手握镜臂，左手托镜座，把它放到桌子上靠近身体左侧的位置，离桌面边缘大概一个手掌的宽度。

当我们找到目标物时，先使用粗准焦螺旋并从侧面观察显微镜与玻片之间的距离，防止下降幅度太大时压碎玻片、损坏镜头。然后调整细准焦螺旋，使视野变清晰，同时将要观察的目标转移到显微镜的视野中央。

高倍物镜刚刚切换时，视野会有一点暗。因为高倍镜的视野比较小，进来的光少了，也就暗了。这时我们再调一下光源即可。此外，将低倍镜转换为高倍镜时，焦距的改变也会使成像的位置发生轻微变化，所以此时我们还要再调一下细准焦螺旋，使成像更清晰。

3. 如何判断视野中污点的位置

显微镜视野中出现污点：污点只可能出现在目镜、物镜或玻片标本上。判断方法如下图。

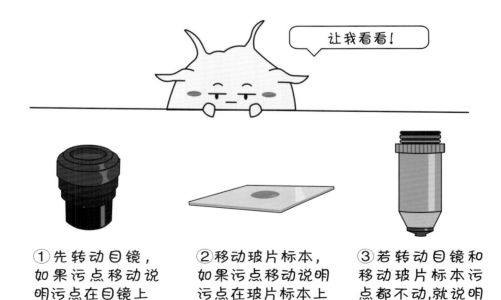

① 先转动目镜，如果污点移动说明污点在目镜上

② 移动玻片标本，如果污点移动说明污点在玻片标本上

③ 若转动目镜和移动玻片标本污点都不动，就说明污点在物镜上

三、镜检生物相观察
Microscopic biofacies observation

扫码观看 动画视频

当我们观察生物相时，其实是在看什么？如何初步判断它所指示的环境？

对于镜检新手来说，初次看到镜检视野时会比较懵，不知道哪些是菌胶团？哪些是间隙水？哪些是原生动物和后生动物？更不要说判断菌胶团的边界是清晰还是不清晰？间隙水是浑浊还是清澈？原生动物和后生动物一般附着在哪些地方？

以如下镜检生物相为例，在 100 倍视野下，大部分你看到的黑点点其实就是菌胶团，菌胶团和菌胶团之间的部分，就是间隙水。

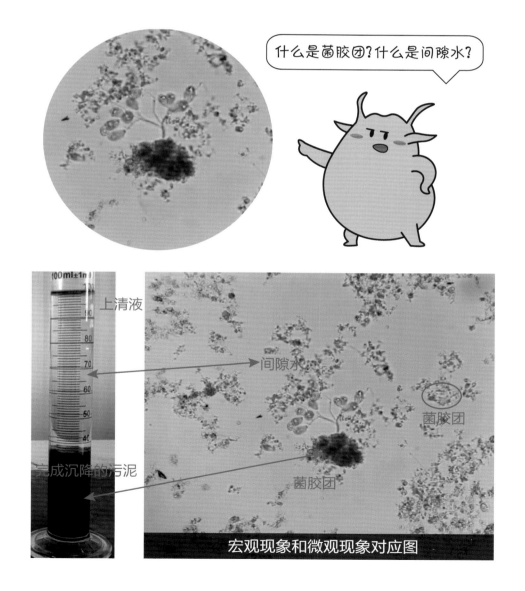

宏观现象和微观现象对应图

若菌胶团结构紧密、间隙水清澈，对应的污泥沉降效果就比较好。

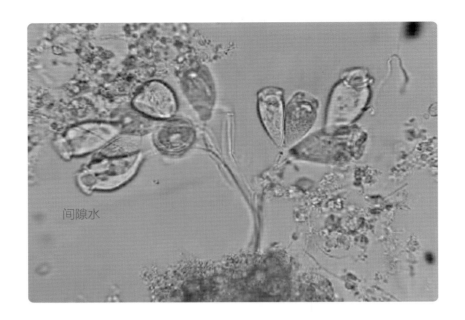

间隙水

镜检照片中部有一个菌胶团，其颜色更深、更密实。在 400 倍视野下发现上面附着了一株漂亮的聚缩虫。

值得一提的是，有一部分原生动物可以分泌胞外聚合物，进而促进菌胶团的絮凝，絮凝性更好的菌胶团又为聚缩虫的附着提供了一个良好的支点，它们之间存在相互促进的关系。

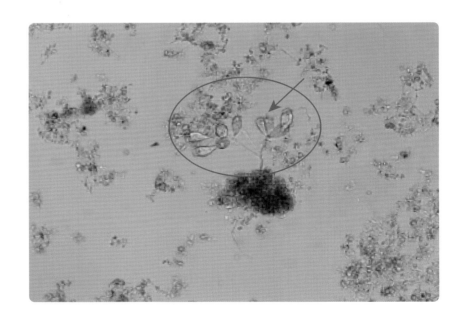

下图中，处于中间位置的是一只原生动物——鞘居虫，它和聚缩虫一样都属于缘毛目，也是一类固着型纤毛虫。图中菌胶团紧密、间隙水清澈，鞘居虫口围盘处的纤毛摆动有力，说明它的活性很好。

菌胶团紧密

间隙水清澈

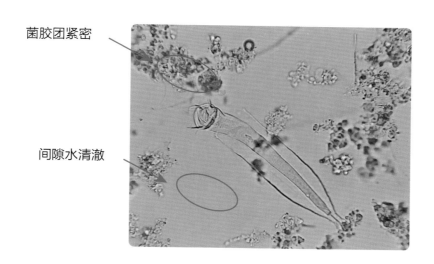

再看下面这一幅图，菌胶团的结构同样很紧密，间隙水清澈没有杂质，还有一只很漂亮的原生动物——吸管虫。

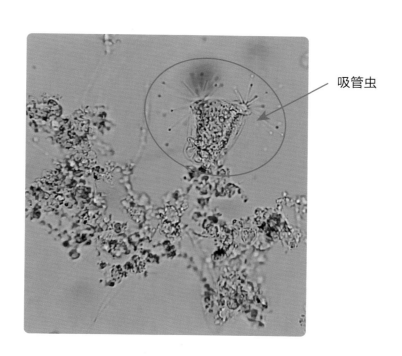

吸管虫

接下来我们再来看一个相反的例子，通过反衬和对比，更直观地了解什么是好的镜检生物相。

下图中，菌胶团结构松散，菌胶团之间没有明显的界限，看起来像是一盘"散沙"。同时，间隙水显得很混浊，其中还有很多游离的如针尖般大小的黑点，它们其实也是菌胶团，但是由于种种原因没有发生絮凝。

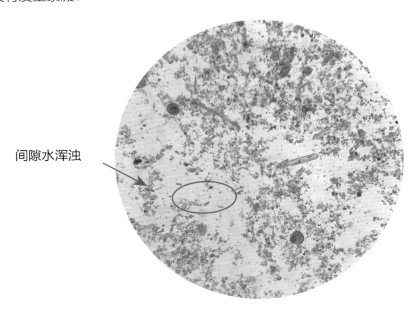

间隙水浑浊

下面镜检图片中的标本来源于处理垃圾渗滤液的剩余污泥，已经发生了污泥解体现象，絮体为茶褐色的糊状团块。其中有大量茄壳虫，茄壳虫的出现通常指示低负荷长泥龄。

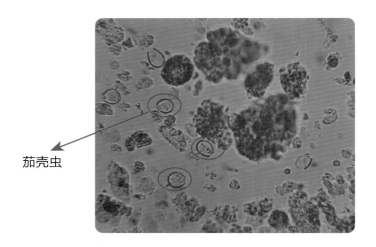

茄壳虫

在正常系统中的原生动物都是围绕菌胶团絮体活动的，即便是游泳型纤毛虫，也不会长时间漫无目的地游走，而是从一个菌胶团迁徙到另一个菌胶团。这是因为此时水中的营养物质基本上都被菌胶团吸附了，它们展现出了良好的絮凝性，所以只有在菌胶团周边才存在食物来源。这些食物有可能是细菌的代谢分泌物、胞外酶分解的有机物或者游离细菌。菌胶团之间的间隙水也由于缺乏有机悬浮物而显得很清澈。

四、原生动物和后生动物出现的规律
The law of the emergence of proto-metazoa

原生动物的个体通常都很小，只有借助显微镜才能清楚地分辨它们的形态。也许你会好奇，我们为什么要观察原生动物和后生动物？在生物系统中它们也并非污水净化的主力军。

任何微型生物，如果要生存和繁衍，也和人类一样需要有资源。在水温、进水 pH 等因素稳定的情况下，决定曝气池中各种微型生物出现的时间节点和先后顺序的，主要是两个因素：有机物和溶解氧。

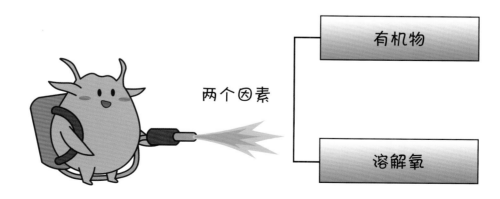

有机物与溶解氧的资源争夺是从活性污泥培养开始的。从那时起，各种微生物群落之间就彼此竞争，失败者被淘汰，而优势种群随着数量的增加和稳定，又会诱导出下一级捕食者。所以就出现了一个食物链在曝气池中不断延伸的现象。随着有机物的消耗，溶解氧的竞争进一步减弱，更高级别的捕食者也会陆续"登场"进入系统。

在这场资源"争夺战"中，细菌实际上是原生动物数量和类别的主导者。所以通过观察原生动物的状态、数量和种类，我们也可以间接地评估细菌的健康状况。

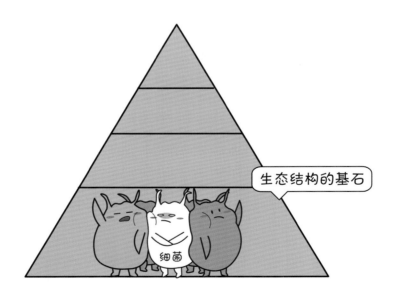

1. 培养初期——游离细菌与肉足虫、鞭毛虫出现

在培养活性污泥时，最先出现的是各种游离态的细菌。因为这个时候，污水中的有机物丰富，所以它们就很容易快速分裂，进入指数增长期。与它们差不多同一时期出现的还有各种类型的肉足虫和鞭毛虫。它们也能够以水中的有机物为食，尽可能地提高种群密度。

在这个阶段，代表性的原生动物有粗袋鞭虫、波豆虫、变形虫。它们能够直接进食有机物，个体比较小，运动模式简单，对水中溶解氧的需求也比较小。由于具有相似的生态位需求，因此能与细菌形成竞争关系。

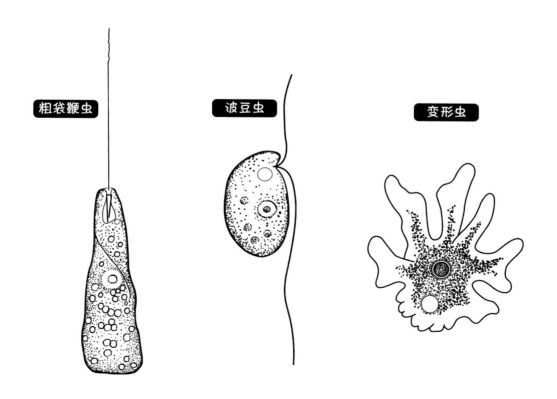

细菌因为相应的比表面积比较大，从水中获取溶解性有机物的效率更高，所以在种群竞争中就会处于优势地位。随着水中有机物和溶解氧资源的消耗，形成了第一次竞争型淘汰战局。

当细菌的种群密度增加到一定程度时，为了规避捕食和群体感应，细菌会开始改变生存策略进入絮凝期。水中原本无生命的有机物被细菌通过进食作用转变为有生命的有机物。以细菌为起点的食物链就开始逐渐延伸，进入了纤毛虫统治的时代。

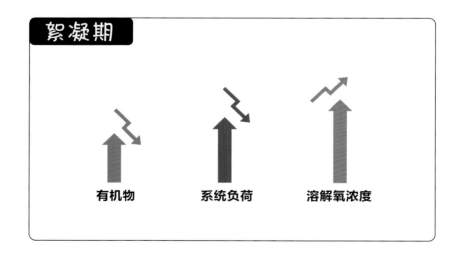

2. 培养中期——游泳型纤毛虫开始出现

一开始出现的纤毛虫，运动能力都比较强，这有利于它们在游泳过程中获取更多的氧气。同时为了维持快速运动，它们需要消耗的能量也较多，而这些能量都是由其捕获的食物转化而来。此时，由于细菌已经开始进入絮凝期，因此运动性减弱，相对也比较容易被捕食。此时出现的纤毛虫是比较简单和原始的一类纤毛虫，胞口的构成最简单，身体上的纤毛也没有开始分化，如下图所示。

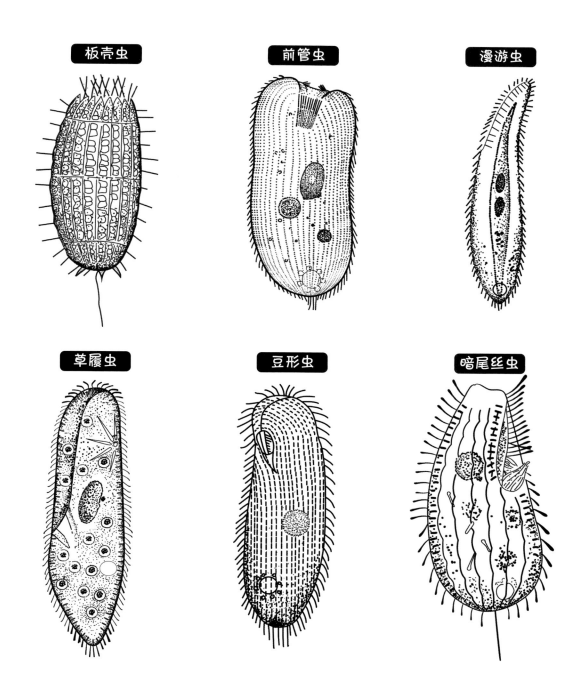

板壳虫 前管虫 漫游虫

草履虫 豆形虫 暗尾丝虫

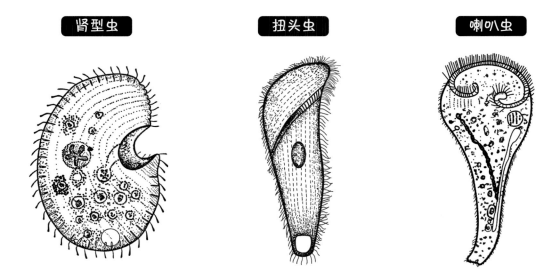

| 肾型虫 | 扭头虫 | 喇叭虫 |

它们的共同特点是在胞口位置进化出了由纤毛融合在一起形成的波动膜，能够推动水流将食物引入胞口。它们也能够快速游泳，特别是草履虫，它的运动速度非常快，同时拥有非常发达的"口沟"，所以捕食能力和对低溶解氧的耐受力都很强。此时，虽然快速运动要消耗很多能量，但是由于水中的游离细菌和细小菌胶团数量相对较多，因此仍然可以捕捉到足够多的食物。

3. 菌胶团成熟期——匍匐型和固着型纤毛虫开始出现

此时，随着絮凝性的增强，细菌几乎都在菌胶团上进行定居式生长。这有利于钟虫等固着型和爬行类的纤毛虫生存。而且由于菌胶团对营养物质的吸附作用，新生的细菌也会更多地集中在菌胶团附近，成为一个新的"增长点"。

相较之前，此时菌胶团之间的间隙水就显得颇为"冷清"，由于失去了食物来源，几乎看不到游泳类纤毛虫的出现。此时，下毛目的楯纤虫、游仆虫、棘尾虫、尖毛虫、尾枝虫，缘毛目的钟虫、累枝虫、盖纤虫、杯居虫、扉门虫、鞘居虫等会逐渐成为优势种群，有时还可以发现吸管虫。

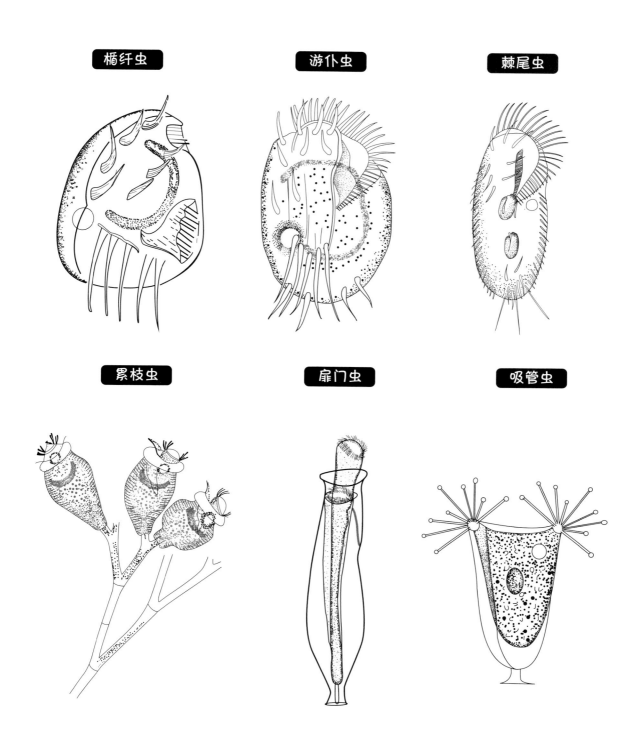

楯纤虫　　　游仆虫　　　棘尾虫

累枝虫　　　扉门虫　　　吸管虫

爬行类纤毛虫之所以能生存下来，是因为它们有由体纤毛融合成的粗触毛分布在腹面，使运动机能更加复杂，可以在凹凸不平的菌胶团上进行捕食。但它们的行为模式也出现了一些变化。例如，对楯纤虫来说，游泳的目的更像是迁徙，从一个菌胶团转移到另一个菌胶团。而在菌胶团上捕食时，触毛的扰动作用也能将一些不那么紧固的菌胶团分离，从而更方便进食。它们的口纤毛组织也同样非常发达。

钟虫类固着型纤毛虫的出现是一种必然，因为它们具有形态切换的功能。当环境适宜时，它们就完全放弃了迁移能力，用柄把自己牢牢地固定在菌胶团上，所以它们能把更多的能量用在对食物的摄取上。

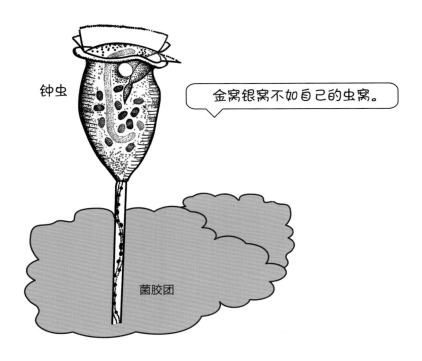

相对于其他类型的纤毛虫，钟虫因为具有高度发达的口纤毛组织，所以能搅动更大范围的水流，而且能出色地控制水的流态。它们口围边缘的三层纤毛膜，就像一台出色的涡轮泵，使水流逆时针旋转携带食物进入口围，然后水流再从身体的后侧方排出，与此同时，存在于水中的食物也被过滤而进入胞口。这种完全放弃了移动能力的进化方向，对环境的稳定性要求非常高。一旦出现食物不足、菌胶团絮凝性降低的情况，就会出现数量较多的、带柄游泳的钟虫。

妥妥地控制了水的流态。

钟虫

但是，如果是溶解氧突然降低，那么出于求生本能，钟虫就会挣脱柄的束缚，转变为能快速游泳的形态进行转移，并在游泳的过程中获取氧气。

而来不及挣脱的钟虫，由于体内的伸缩泡无法收缩，一直处于扩张状态，最后就可能从胞口突出，就像脑袋上顶着一个气泡。在镜检观察时间较长、载玻片与盖玻片之间的溶解氧不断下降时，比较容易观察到此类现象。

溶解氧突然降低

钟虫

其他可以观察的内容还包括钟虫的活跃度、个体的大小、身体是否畸形等。由于具有如上生活习性，因此钟虫在曝气池里菌胶团絮凝性好、环境又相对稳定时，容易成为优势种群。它们对环境的变化比较敏感，有明显的形态特征可以观察，所以是指示作用被最广泛应用的原生动物。

累枝虫是群居生活，所以它们的出现需要比较大的菌胶团作为载体，而这样的菌胶团更容易出现在菌胶团成熟的后期。所以一般认为，累枝虫数量占优时的系统负荷比以钟虫为优势种群时要略微低一点。

4. 菌胶团老化期——轮虫等后生动物成为优势种群

　　表壳虫、茄壳虫、磷壳虫这类有壳变形虫，其运动极为缓慢，所以对能量的需求很少，在系统负荷继续降低时就会出现。而对活性污泥系统来说，负荷的继续降低，就意味着自养硝化细菌的优势生长逐渐确立。而且有文献资料表明，茄壳虫与系统硝化功能的联系比较紧密，它们很可能以硝化细菌作为食物。所以当这些有壳类大量出现时，往往意味着系统的硝化过程状态良好。

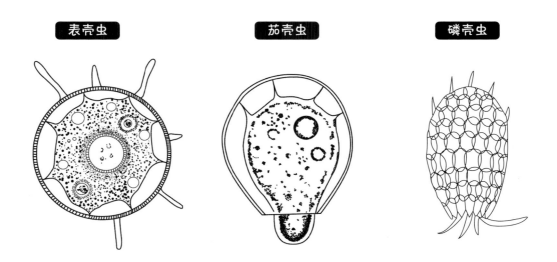

表壳虫　　茄壳虫　　磷壳虫

　　从微型生物的种群和数量上来说，95%以上是原生动物，其他才是后生动物。生化系统中比较常见的后生动物有仙女虫、瓢体虫、线虫、旋轮虫等，还有二沉池中出现的红虫，也就是水蚤。仙女虫科的名字来源于拉丁语 Naias（那伊阿得斯）。她是希腊神话中居住于水中的仙女，后来被用来表示一些水生昆虫的若虫。

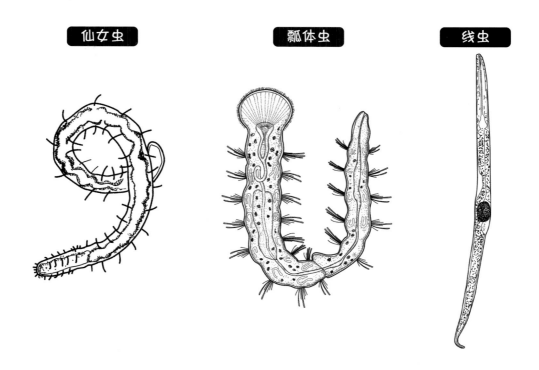

仙女虫　　瓢体虫　　线虫

轮虫类的个体比较大，咽喉部位有咀嚼器，可以进食直径较大的食物。它们运动时对菌胶团产生破坏作用，有足够的力量在比较松散的菌胶团内爬行。它们不仅可以像钟虫一样固着生活，而且口部"涡轮"搅拌水流的能力更强，也可以转变为游泳形态。而且有一些轮虫，如猪吻轮虫，可以直接"啃食"菌胶团。所以当轮虫大量出现，而钟虫类逐渐减少时，说明菌胶团的絮凝性在降低，结构变得松散。

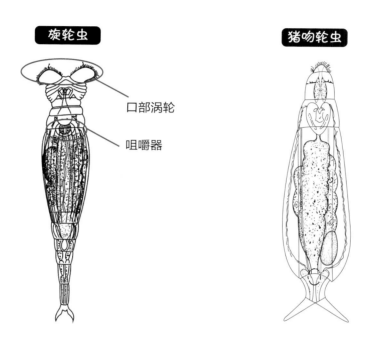

旋轮虫

猪吻轮虫

口部涡轮

咀嚼器

从分类上来说，水蚤属于枝角类。由于水蚤体内含有血红素，当水中有机质比较丰富、水蚤大量繁殖时，为了获取更多的氧气，血红素含量会增加，而其中的铁元素在与氧气结合时，会转变为红色，这就是水蚤为什么被称为"红虫"的原因。

不错，这就是红虫！

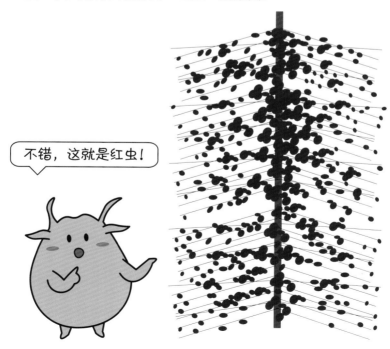

从系统初培到系统成熟，微型生物群落不断演化和交替，这标志着生物系统逐渐从高负荷进入稳定期。在此期间，食物链不断延长，生物多样性逐渐增加。微型生物群落之间协同降解一些有机物也能提高其应对冲击的能力。而一旦这个食物链结构被破坏，就说明系统的稳定度正在降低。

原生动物和后生动物的个体足够大，既可以被光学显微镜观察到，又可以向我们展示曝气池中的微观环境和宏观环境。即可以通过其中的食物网络构成是否足够稳定，以及它正处于食物链演化的哪个阶段，再结合进出水、污泥沉降比等数据，共同判断活性污泥系统是否正在健康地工作。

常见的原生动物和后生动物视频欣赏

| 板壳虫 | 前管虫 | 楯纤虫 | 扉门虫 | 钟虫 |
| 累枝虫 | 游仆虫 | 吸管虫 | 旋轮虫 | 表壳虫 |

主要参考文献

[1] 王家楫 . 中国淡水轮虫志 [M]. 北京 : 科学出版社 , 1961.

[2] 韩茂森 . 淡水浮游生物图谱 [M]. 北京 : 农业出版社 , 1980.

[3] 湖北省水生生物研究所第四研究室无脊动物区 . 废水生物处理微型动物图志 [M]. 北京 : 中国建筑工业出版社 , 1976.

[4] 周凤霞 , 陈剑虹 . 淡水微型生物与底栖动物图谱 [M]. 北京 : 化学工业出版社 . 2011.